机械设计手册

第6版

单行本

工业设计与人机工程

主　编　闻邦椿

副主编　鄂中凯　张义民　陈良玉　孙志礼
　　　　宋锦春　柳洪义　巩亚东　宋桂秋

机械工业出版社

《机械设计手册》第 6 版 单行本共 26 分册，内容涵盖机械常规设计、机电一体化设计与机电控制、现代设计方法及其应用等内容，具有系统全面、信息量大、内容现代、突显创新、实用可靠、简明便查、便于携带和翻阅等特色。各分册分别为：《常用设计资料和数据》《机械制图与机械零部件精度设计》《机械零部件结构设计》《连接与紧固》《带传动和链传动　摩擦轮传动与螺旋传动》《齿轮传动》《减速器和变速器》《机构设计》《轴　弹簧》《滚动轴承》《联轴器、离合器与制动器》《起重运输机械零部件和操作件》《机架、箱体与导轨》《润滑　密封》《气压传动与控制》《机电一体化技术及设计》《机电系统控制》《机器人与机器人装备》《数控技术》《微机电系统及设计》《机械系统概念设计》《机械系统的振动设计及噪声控制》《疲劳强度设计　机械可靠性设计》《数字化设计》《工业设计与人机工程》《智能设计　仿生机械设计》。

本单行本为《工业设计与人机工程》，主要介绍工业设计与人机工程概述、工业设计的造型表现、人机工程、典型案例分析等内容。

本书供从事机械设计、制造、维修及有关工程技术人员作为工具书使用，也可供大专院校的有关专业师生使用和参考。

图书在版编目（CIP）数据

机械设计手册. 工业设计与人机工程/闻邦椿主编. —6 版. —北京：机械工业出版社，2020.1（2023.4 重印）
ISBN 978-7-111-64741-6

Ⅰ.①机…　Ⅱ.①闻…　Ⅲ.①机械设计-技术手册②人-机系统-应用-工业设计-技术手册　Ⅳ.①TH122-62②TB47-62

中国版本图书馆 CIP 数据核字（2020）第 024613 号

机械工业出版社（北京市百万庄大街 22 号　邮政编码 100037）
策划编辑：曲彩云　责任编辑：曲彩云　高依楠
责任校对：徐　强　封面设计：马精明
责任印制：常天培
北京机工印刷厂有限公司印刷
2023 年 4 月第 6 版第 2 次印刷
184mm×260mm・8.25 印张・203 千字
标准书号：ISBN 978-7-111-64741-6
定价：35.00 元

电话服务
客服电话：010-88361066
　　　　　010-88379833
　　　　　010-68326294
封底无防伪标均为盗版

网络服务
机 工 官 网：www.cmpbook.com
机 工 官 博：weibo.com/cmp1952
金 书 网：www.golden-book.com
机工教育服务网：www.cmpedu.com

出 版 说 明

《机械设计手册》自出版以来，已经进行了5次修订，2018年第6版出版发行。截至2019年，《机械设计手册》累计发行39万套。作为国家级重点科技图书，《机械设计手册》深受广大读者的欢迎和好评，在全国具有很大的影响力。该书曾获得中国出版政府奖提名奖、中国机械工业科学技术奖一等奖、全国优秀科技图书奖二等奖、中国机械工业部科技进步奖二等奖，并多次获得全国优秀畅销书奖等奖项。《机械设计手册》已成为机械设计领域的品牌产品，是机械工程领域最具权威和影响力的大型工具书之一。

《机械设计手册》第6版共7卷55篇，是在前5版的基础上吸收并总结了国内外机械工程设计领域中的新标准、新材料、新工艺、新结构、新技术、新产品、新的设计理论与方法，并配合我国创新驱动战略的需求编写而成的。与前5版相比，第6版无论是从体系还是内容，都在传承的基础上进行了创新。重点充实了机电一体化系统设计、机电控制与信息技术、现代机械设计理论与方法等现代机械设计的最新内容，将常规设计方法与现代设计方法相融合，光、机、电设计融为一体，局部的零部件设计与系统化设计互相衔接，并努力将创新设计的理念贯穿其中。《机械设计手册》第6版体现了国内外机械设计发展的新水平，精心诠释了常规与现代机械设计的内涵、全面荟萃凝练了机械设计各专业技术的精华，它将引领现代机械设计创新潮流、成就新一代机械设计大师，为我国实现装备制造强国梦做出重大贡献。

《机械设计手册》第6版的主要特色是：体系新颖、系统全面、信息量大、内容现代、突显创新、实用可靠、简明便查。应该特别指出的是，第6版手册具有较高的科技含量和大量技术创新性的内容。手册中的许多内容都是编著者多年研究成果的科学总结。这些内容中有不少依托国家"863计划""973计划""985工程""国家科技重大专项""国家自然科学基金"重大、重点和面上项目资助项目。相关项目有不少成果曾获得国际、国家、部委、省市科技奖励、技术专利。这充分体现了手册内容的重大科学价值与创新性。如仿生机械设计、激光及其在机械工程中的应用、绿色设计与和谐设计、微机电系统及设计等前沿新技术；又如产品综合设计理论与方法是闻邦椿院士在国际上首先提出，并综合8部专著后首次编入手册，该方法已经在高铁、动车及离心压缩机等机械工程中成功应用，获得了巨大的社会效益和经济效益。

在《机械设计手册》历次修订的过程中，出版社和作者都广泛征求和听取各方面的意见，广大读者在对《机械设计手册》给予充分肯定的同时，也指出《机械设计手册》卷册厚重，不便携带，希望能出版篇幅较小、针对性强、便查便携的更加实用的单行本。为满足读者的需要，机械工业出版社于2007年首次推出了《机械设计手册》第4版单行本。该单行本出版后很快受到读者的欢迎和好评。《机械设计手册》第6版已经面市，为了使读者能按需要、有针对性地选用《机械设计手册》第6版中的相关内容并降低购书费用，机械工业出版社在总结《机械设计手册》前几版单行本经验的基础上推出了《机械设计手册》第6版单行本。

《机械设计手册》第6版单行本保持了《机械设计手册》第6版（7卷本）的优势和特色，依据机械设计的实际情况和机械设计专业的具体情况以及手册各篇内容的相关性，将原手册的7卷55篇进行精选、合并，重新整合为26个分册，分别为：《常用设计资料和数据》《机械制图与机械零部件精度设计》《机械零部件结构设计》《连接与紧固》《带传动和链传动 摩擦轮传动与螺旋传动》《齿轮传动》《减速器和变速器》《机构设计》《轴 弹簧》《滚动轴承》《联轴器、离合器与制动器》《起重运输机械零部件和操作件》《机架、箱体与导轨》《润滑 密封》《气压传动与控制》《机电一体化技术及设计》《机电系统控制》《机器人与机器人装备》《数控技术》《微机电系统及设计》《机械系统概念设计》《机械系统的振动设计及噪声控制》《疲劳强度设计 机械可靠性设计》《数字化设计》《工业设计与人机工程》《智能设计 仿生机械设计》。各分册内容针对性强、篇幅适中、查阅和携带方便，读者可根据需要灵活选用。

《机械设计手册》第 6 版单行本是为了助力我国制造业转型升级、经济发展从高增长迈向高质量，满足广大读者的需要而编辑出版的，它将与《机械设计手册》第 6 版（7 卷本）一起，成为机械设计人员、工程技术人员得心应手的工具书，成为广大读者的良师益友。

由于工作量大、水平有限，难免有一些错误和不妥之处，殷切希望广大读者给予指正。

机械工业出版社

前　言

本版手册为新出版的第6版7卷本《机械设计手册》。由于科学技术的快速发展，需要我们对手册内容进行更新，增加新的科技内容，以满足广大读者的迫切需要。

《机械设计手册》自1991年面世发行以来，历经5次修订，截至2016年已累计发行38万套。作为国家级重点科技图书的《机械设计手册》，深受社会各界的重视和好评，在全国具有很大的影响力，该手册曾获得全国优秀科技图书奖二等奖（1995年）、中国机械工业部科技进步奖二等奖（1997年）、中国机械工业科学技术奖一等奖（2011年）、中国出版政府奖提名奖（2013年），并多次获得全国优秀畅销书奖等奖项。1994年，《机械设计手册》曾在我国台湾建宏出版社出版发行，并在海内外产生了广泛的影响。《机械设计手册》荣获的一系列国家和部级奖项表明，其具有很高的科学价值、实用价值和文化价值。《机械设计手册》已成为机械设计领域的一部大型品牌工具书，已成为机械工程领域权威的和影响力较大的大型工具书，长期以来，它为我国装备制造业的发展做出了巨大贡献。

第5版《机械设计手册》出版发行至今已有7年时间，这期间我国国民经济有了很大发展，国家制定了《国家创新驱动发展战略纲要》，其中把创新驱动发展作为了国家的优先战略。因此，《机械设计手册》第6版修订工作的指导思想除努力贯彻"科学性、先进性、创新性、实用性、可靠性"外，更加突出了"创新性"，以全力配合我国"创新驱动发展战略"的重大需求，为实现我国建设创新型国家和科技强国梦做出贡献。

在本版手册的修订过程中，广泛调研了厂矿企业、设计院、科研院所和高等院校等多方面的使用情况和意见。对机械设计的基础内容、经典内容和传统内容，从取材、产品及其零部件的设计方法与计算流程、设计实例等多方面进行了深入系统的整合，同时，还全面总结了当前国内外机械设计的新理论、新方法、新材料、新工艺、新结构、新产品和新技术，特别是在现代设计与创新设计理论与方法、机电一体化及机械系统控制技术等方面做了系统和全面的论述和凝练。相信本版手册会以崭新的面貌展现在广大读者面前，它将对提高我国机械产品的设计水平、推进新产品的研究与开发、老产品的改造，以及产品的引进、消化、吸收和再创新，进而促进我国由制造大国向制造强国跃升，发挥出巨大的作用。

本版手册分为7卷55篇：第1卷　机械设计基础资料；第2卷　机械零部件设计（连接、紧固与传动）；第3卷　机械零部件设计（轴系、支承与其他）；第4卷　流体传动与控制；第5卷　机电一体化与控制技术；第6卷　现代设计与创新设计（一）；第7卷　现代设计与创新设计（二）。

本版手册有以下七大特点：

一、构建新体系

构建了科学、先进、实用、适应现代机械设计创新潮流的《机械设计手册》新结构体系。该体系层次为：机械基础、常规设计、机电一体化设计与控制技术、现代设计与创新设计方法。该体系的特点是：常规设计方法与现代设计方法互相融合，光、机、电设计融为一体，局部的零部件设计与系统化设计互相衔接，并努力将创新设计的理念贯穿于常规设计与现代设计之中。

二、凸显创新性

习近平总书记在2014年6月和2016年5月召开的中国科学院、中国工程院两院院士大会上分别提出了我国科技发展的方向就是"创新、创新、再创新",以及实现创新型国家和科技强国的三个阶段的目标和五项具体工作。为了配合我国创新驱动发展战略的重大需求,本版手册突出了机械创新设计内容的编写,主要有以下几个方面:

（1）新增第 7 卷,重点介绍了创新设计及与创新设计有关的内容。

该卷主要内容有:机械创新设计概论,创新设计方法论,顶层设计原理、方法与应用,创新原理、思维、方法与应用,绿色设计与和谐设计,智能设计,仿生机械设计,互联网上的合作设计,工业通信网络,面向机械工程领域的大数据、云计算与物联网技术,3D 打印设计与制造技术,系统化设计理论与方法。

（2）在一些篇章编入了创新设计和多种典型机械创新设计的内容。

"第 11 篇　机构设计"篇新增加了"机构创新设计"一章,该章编入了机构创新设计的原理、方法及飞剪机剪切机构创新设计,大型空间折展机构创新设计等多个创新设计的案例。典型机械的创新设计有大型全断面掘进机（盾构机）仿真分析与数字化设计、机器人挖掘机的机电一体化创新设计、节能抽油机的创新设计、产品包装生产线的机构方案创新设计等。

（3）编入了一大批典型的创新机械产品。

"机械无级变速器"一章中编入了新型金属带式无级变速器,"并联机构的设计与应用"一章中编入了数十个新型的并联机床产品,"振动的利用"一章中新编入了激振器偏移式自同步振动筛、惯性共振式振动筛、振动压路机等十多个典型的创新机械产品。这些产品有的获得了国家或省部级奖励,有的是专利产品。

（4）编入了机械设计理论和设计方法论等方面的创新研究成果。

1）闻邦椿院士团队经过长期研究,在国际上首先创建了振动利用工程学科,提出了该类机械设计理论和方法。本版手册中编入了相关内容和实例。

2）根据多年的研究,提出了以非线性动力学理论为基础的深层次的动态设计理论与方法。本版手册首次编入了该方法并列举了若干应用范例。

3）首先提出了和谐设计的新概念和新内容,阐明了自然环境、社会环境（政治环境、经济环境、人文环境、国际环境、国内环境）、技术环境、资金环境、法律环境下的产品和谐设计的概念和内容的新体系,把既有的绿色设计篇拓展为绿色设计与和谐设计篇。

4）全面系统地阐述了产品系统化设计的理论和方法,提出了产品设计的总体目标、广义目标和技术目标的内涵,提出了应该用 IQCTES 六项设计要求来代替 QCTES 五项要求,详细阐明了设计的四个理想步骤,即"3I 调研""7D 规划""1+3+X 实施""5（A+C）检验",明确提出了产品系统化设计的基本内容是主辅功能、三大性能和特殊性能要求的具体实现。

5）本版手册引入了闻邦椿院士经过长期实践总结出的独特的、科学的创新设计方法论体系和规则,用来指导产品设计,并提出了创新设计方法论的运用可向智能化方向发展,即采用专家系统来完成。

三、坚持科学性

手册的科学水平是评价手册编写质量的重要方面,因此,本版手册特别强调突出内容的科学性。

（1）本版手册努力贯彻科学发展观及科学方法论的指导思想和方法,并将其落实到手册内容的编写中,特别是在产品设计理论方法的和谐设计、深层次设计及系统化设计的编写中。

（2）本版手册中的许多内容是编著者多年研究成果的科学总结。这些内容中有不少是国家863、973 计划项目,国家科技重大专项,国家自然科学基金重大、重点和面上项目资助项目的研究成果,有不少成果曾获得国际、国家、部委、省市科技奖励及技术专利,充分体现了本版手册内容的重大科学价值与创新性。

下面简要介绍本版手册编入的几方面的重要研究成果：

1) 振动利用工程新学科是闻邦椿院士团队经过长期研究在国际上首先创建的。本版手册中编入了振动利用机械的设计理论、方法和范例。

2) 产品系统化设计理论与方法的体系和内容是闻邦椿院士团队提出并加以完善的，编写者依据多年的研究成果和系列专著，经综合整理后首次编入本版手册。

3) 仿生机械设计是一门新兴的综合性交叉学科，近年来得到了快速发展，它为机械设计的创新提供了新思路、新理论和新方法。吉林大学任露泉院士领导的工程仿生教育部重点实验室开展了大量的深入研究工作，取得了一系列创新成果且出版了专著，据此结合国内外大量较新的文献资料，为本版手册构建了仿生机械设计的新体系，编写了"仿生机械设计"篇（第50篇）。

4) 激光及其在机械工程中的应用篇是中国科学院长春光学精密机械与物理研究所王立军院士依据多年的研究成果，并参考国内外大量较新的文献资料编写而成的。

5) 绿色制造工程是国家确立的五项重大工程之一，绿色设计是绿色制造工程的最重要环节，是一个新的学科。合肥工业大学刘志峰教授依据在绿色设计方面获多项国家和省部级奖励的研究成果，参考国内外大量较新的文献资料为本版手册首次构建了绿色设计新体系，编写了"绿色设计与和谐设计"篇（第48篇）。

6) 微机电系统及设计是前沿的新技术。东南大学黄庆安教授领导的微电子机械系统教育部重点实验室多年来开展了大量研究工作，取得了一系列创新研究成果，本版手册的"微机电系统及设计"篇（第28篇）就是依据这些成果和国内外大量较新的文献资料编写而成的。

四、重视先进性

(1) 本版手册对机械基础设计和常规设计的内容做了大规模全面修订，编入了大量新标准、新材料、新结构、新工艺、新产品、新技术、新设计理论和计算方法等。

1) 编入和更新了产品设计中需要的大量国家标准，仅机械工程材料篇就更新了标准126个，如GB/T 699—2015《优质碳素结构钢》和GB/T 3077—2015《合金结构钢》等。

2) 在新材料方面，充实并完善了铝及铝合金、钛及钛合金、镁及镁合金等内容。这些材料由于具有优良的力学性能、物理性能以及回收率高等优点，目前广泛应用于航空、航天、高铁、计算机、通信元件、电子产品、纺织和印刷等行业。增加了国内外粉末冶金材料的新品种，如美国、德国和日本等国家的各种粉末冶金材料。充实了国内外工程塑料及复合材料的新品种。

3) 新编的"机械零部件结构设计"篇（第4篇），依据11个结构设计方面的基本要求，编写了相应的内容，并编入了结构设计的评估体系和减速器结构设计、滚动轴承部件结构设计的示例。

4) 按照GB/T 3480.1~3—2013（报批稿）、GB/T 10062.1~3—2003及ISO 6336—2006等新标准，重新构建了更加完善的渐开线圆柱齿轮传动和锥齿轮传动的设计计算新体系；按照初步确定尺寸的简化计算、简化疲劳强度校核计算、一般疲劳强度校核计算，编排了三种设计计算方法，以满足不同场合、不同要求的齿轮设计。

5) 在"第4卷　流体传动与控制"卷中，编入了一大批国内外知名品牌的新标准、新结构、新产品、新技术和新设计计算方法。在"液力传动"篇（第23篇）中新增加了液黏传动，它是一种新型的液力传动。

(2) "第5卷　机电一体化与控制技术"卷充实了智能控制及专家系统的内容，大篇幅增加了机器人与机器人装备的内容。

机器人是机电一体化特征最为显著的现代机械系统，机器人技术是智能制造的关键技术。由于智能制造的迅速发展，近年来机器人产业呈现出高速发展的态势。为此，本版手册大篇幅增加了"机器人与机器人装备"篇（第 26 篇）的内容。该篇从实用性的角度，编写了串联机器人、并联机器人、轮式机器人、机器人工装夹具及变位机；编入了机器人的驱动、控制、传感、视角和人工智能等共性技术；结合喷涂、搬运、电焊、冲压及压铸等工艺，介绍了机器人的典型应用实例；介绍了服务机器人技术的新进展。

（3）为了配合我国创新驱动战略的重大需求，本版手册扩大了创新设计的篇数，将原第 6 卷扩编为两卷，即新的"现代设计与创新设计（一）"（第 6 卷）和"现代设计与创新设计（二）"（第 7 卷）。前者保留了原第 6 卷的主要内容，后者编入了创新设计和与创新设计有关的内容及一些前沿的技术内容。

本版手册"现代设计与创新设计（一）"卷（第 6 卷）的重点内容和新增内容主要有：

1）在"现代设计理论与方法综述"篇（第 32 篇）中，简要介绍了机械制造技术发展总趋势、在国际上有影响的主要设计理论与方法、产品研究与开发的一般过程和关键技术、现代设计理论的发展和根据不同的设计目标对设计理论与方法的选用。闻邦椿院士在国内外首次按照系统工程原理，对产品的现代设计方法做了科学分类，克服了目前产品设计方法的论述缺乏系统性的不足。

2）新编了"数字化设计"篇（第 40 篇）。数字化设计是智能制造的重要手段，并呈现应用日益广泛、发展更加深刻的趋势。本篇编入了数字化技术及其相关技术、计算机图形学基础、产品的数字化建模、数字化仿真与分析、逆向工程与快速原型制造、协同设计、虚拟设计等内容，并编入了大型全断面掘进机（盾构机）的数字化仿真分析和数字化设计、摩托车逆向工程设计等多个实例。

3）新编了"试验优化设计"篇（第 41 篇）。试验是保证产品性能与质量的重要手段。本篇以新的视觉优化设计构建了试验设计的新体系、全新内容，主要包括正交试验、试验干扰控制、正交试验的结果分析、稳健试验设计、广义试验设计、回归设计、混料回归设计、试验优化分析及试验优化设计常用软件等。

4）将手册第 5 版的"造型设计与人机工程"篇改编为"工业设计与人机工程"篇（第 42 篇），引入了工业设计的相关理论及新的理念，主要有品牌设计与产品识别系统（PIS）设计、通用设计、交互设计、系统设计、服务设计等，并编入了机器人的产品系统设计分析及自行车的人机系统设计等典型案例。

（4）"现代设计与创新设计（二）"卷（第 7 卷）主要编入了创新设计和与创新设计有关的内容及一些前沿技术内容，其重点内容和新编内容有：

1）新编了"机械创新设计概论"篇（第 44 篇）。该篇主要编入了创新是我国科技和经济发展的重要战略、创新设计的发展与现状、创新设计的指导思想与目标、创新设计的内容与方法、创新设计的未来发展战略、创新设计方法论的体系和规则等。

2）新编了"创新设计方法论"篇（第 45 篇）。该篇为创新设计提供了正确的指导思想和方法，主要编入了创新设计方法论的体系、规则，创新设计的目的、要求、内容、步骤、程序及科学方法，创新设计工作者或团队的四项潜能，创新设计客观因素的影响及动态因素的作用，用科学哲学思想来统领创新设计工作，创新设计方法论的应用，创新设计方法论应用的智能化及专家系统，创新设计的关键因素及制约的因素分析等内容。

3）创新设计是提高机械产品竞争力的重要手段和方法，大力发展创新设计对我国国民经济发展具有重要的战略意义。为此，编写了"创新原理、思维、方法与应用"篇（第47篇）。除编入了创新思维、原理和方法，创新设计的基本理论和创新的系统化设计方法外，还编入了29种创新思维方法、30种创新技术、40种发明创造原理，列举了大量的应用范例，为引领机械创新设计做出了示范。

4）绿色设计是实现低资源消耗、低环境污染、低碳经济的保护环境和资源合理利用的重要技术政策。本版手册中编入了"绿色设计与和谐设计"篇（第48篇）。该篇系统地论述了绿色设计的概念、理论、方法及其关键技术。编者结合多年的研究实践，并参考了大量的国内外文献及较新的研究成果，首次构建了系统实用的绿色设计的完整体系，包括绿色材料选择、拆卸回收产品设计、包装设计、节能设计、绿色设计体系与评估方法，并给出了系列典型范例，这些对推动工程绿色设计的普遍实施具有重要的指引和示范作用。

5）仿生机械设计是一门新兴的综合性交叉学科，本版手册新编入了"仿生机械设计"篇（第50篇），包括仿生机械设计的原理、方法、步骤，仿生机械设计的生物模本，仿生机械形态与结构设计，仿生机械运动学设计，仿生机构设计，并结合仿生行走、飞行、游走、运动及生机电仿生手臂，编入了多个仿生机械设计范例。

6）第55篇为"系统化设计理论与方法"篇。装备制造机械产品的大型化、复杂化、信息化程度越来越高，对设计方法的科学性、全面性、深刻性、系统性提出的要求也越来越高，为了满足我国制造强国的重大需要，亟待创建一种能统领产品设计全局的先进设计方法。该方法已经在我国许多重要机械产品（如动车、大型离心压缩机等）中成功应用，并获得重大的社会效益和经济效益。本版手册对该系统化设计方法做了系统论述并给出了大型综合应用实例，相信该系统化设计方法对我国大型、复杂、现代化机械产品的设计具有重要的指导和示范作用。

7）本版手册第7卷还编入了与创新设计有关的其他多篇现代化设计方法及前沿新技术，包括顶层设计原理、方法与应用，智能设计，互联网上的合作设计，工业通信网络，面向机械工程领域的大数据、云计算与物联网技术，3D打印设计与制造技术等。

五、突出实用性

为了方便产品设计者使用和参考，本版手册对每种机械零部件和产品均给出了具体应用，并给出了选用方法或设计方法、设计步骤及应用范例，有的给出了零部件的生产企业，以加强实际设计的指导和应用。本版手册的编排尽量采用表格化、框图化等形式来表达产品设计所需要的内容和资料，使其更加简明、便查；对各种标准采用摘编、数据合并、改排和格式统一等方法进行改编，使其更为规范和便于读者使用。

六、保证可靠性

编入本版手册的资料尽可能取自原始资料，重要的资料均注明来源，以保证其可靠性。所有数据、公式、图表力求准确可靠，方法、工艺、技术力求成熟。所有材料、零部件、产品和工艺标准均采用新公布的标准资料，并且在编入时做到认真核对以避免差错。所有计算公式、计算参数和计算方法都经过长期检验，各种算例、设计实例均来自工程实际，并经过认真的计算，以确保可靠。本版手册编入的各种通用的及标准化的产品均说明其特点及适用情况，并注明生产厂家，供设计人员全面了解情况后选用。

七、保证高质量和权威性

本版手册主编单位东北大学是国家211、985重点大学、"重大机械关键设计制造共性技术"985创新平台建设单位、2011国家钢铁共性技术协同创新中心建设单位，建有"机械设计及理论国家重点学科"和"机械工程一级学科"。由东北大学机械及相关学科的老教授、老专家和中青年学术精英组成了实力强大的大型工具书编写团队骨干，以及一批来自国家重点高校、研究院所、大型企业等 30 多个单位、近 200 位专家、学者组成了高水平编审团队。编审团队成员的大多数都是所在领域的著名资深专家，他们具有深广的理论基础、丰富的机械设计工作经历、丰富的工具书编纂经验和执着的敬业精神，从而确保了本版手册的高质量和权威性。

在本版手册编写中，为便于协调，提高质量，加快编写进度，编审人员以东北大学的教师为主，并组织邀请了清华大学、上海交通大学、西安交通大学、浙江大学、哈尔滨工业大学、吉林大学、天津大学、华中科技大学、北京科技大学、大连理工大学、东南大学、同济大学、重庆大学、北京化工大学、南京航空航天大学、上海师范大学、合肥工业大学、大连交通大学、长安大学、西安建筑科技大学、沈阳工业大学、沈阳航空航天大学、沈阳建筑大学、沈阳理工大学、沈阳化工大学、重庆理工大学、中国科学院长春光学精密机械与物理研究所、中国科学院沈阳自动化研究所等单位的专家、学者参加。

在本版手册出版之际，特向著名机械专家、本手册创始人、第 1 版及第 2 版的主编徐灏教授致以崇高的敬意，向历次版本副主编邱宣怀教授、蔡春源教授、严隽琪教授、林忠钦教授、余俊教授、汪恺总工程师、周士昌教授致以崇高的敬意，向参加本手册历次版本的编写单位和人员表示衷心感谢，向在本手册历次版本的编写、出版过程中给予大力支持的单位和社会各界朋友们表示衷心感谢，特别感谢机械科学研究总院、郑州机械研究所、徐州工程机械集团公司、北方重工集团沈阳重型机械集团有限责任公司和沈阳矿山机械集团有限责任公司、沈阳机床集团有限责任公司、沈阳鼓风机集团有限责任公司及辽宁省标准研究院等单位的大力支持。

由于编者水平有限，手册中难免有一些不尽如人意之处，殷切希望广大读者批评指正。

主编　闻邦椿

目　　录

第 42 篇　工业设计与人机工程

第 42 篇　工业设计与人机工程

主　　编　刘　洋　任　宏
编 写 人　刘　洋　任　宏
审 稿 人　张　强　张　剑

第5版
造型设计和人机工程

主　编　高　敏
编写人　高　敏
审稿人　赖维铁　宫述之

第1章　概　　述

1　工业设计概述

1.1　工业设计的定义及其时代演变

1980 年，国际工业设计协会（ICSID）给工业设计做了如下的定义：就批量生产的工业产品而言，凭借训练、技术知识、经验及视觉感受，而赋予材料、结构、构造、形态、色彩、表面加工及装饰以新的品质和规格，称为工业设计。根据当时的具体情况，工业设计师应当在上述工业产品的全部方面或其中几个方面进行工作，而且，当需要工业设计师对包装、宣传、展示、市场开发等问题的解决付出自己的技术知识和经验以及视觉评价能力时，这也属于工业设计的范畴。

2015 年 10 月，国际设计组织（WDO）宣布了工业设计的最新定义如下：工业设计旨在引导创新、促发商业成功及提供更好质量的生活，是一种将策略性解决问题的过程应用于产品、系统、服务及体验的设计活动。它是一种跨学科的专业，将创新、技术、商业、研究及消费者紧密联系在一起，共同进行创造性活动，并将需解决的问题、提出的解决方案进行可视化，重新解构问题，并将其作为建立更好的产品、系统、服务、体验或商业网络的机会，以提供新的价值以及竞争优势。工业设计是通过其输出物对社会、经济、环境及伦理方面的问题进行回应，旨在创造一个更好的世界。

一般认为，1980 年关于工业设计的定义属于传统定义，旨在关注产品功能与形式的统一，重点强调的是产品的造型；当今工业设计则更强调产品系统的概念，应用更多的交互、体验、品牌、服务等系统观念与研究手段。为适应时代的发展，同时考虑到工业设计的相关法则、要素过于广博，难以在一个篇章里叙述完全，后续著将采用设计思维以当今产品系统为主，具体流程、要素、法则等则以产品造型设计为主要分析对象的方式。

1.2　工业设计与工程设计的范畴对比

在产业领域，设计是相对于工程概念被理解的。工程被理解为对科学、技术原理在制造与管理中的效率和效用的实践性进行研究和应用，关注可预见、可控制、可再生的输出，因而具有产业价值。而设计则限于它的机会性、表面性和时效性等因素，无法进入企业的核心价值体系。工程领域对设计概念的理解一直存在着偏差，直到 20 世纪末"技术以人为本"（Human-Technology）口号的提出。

对技术的重新认识是制造经济向服务经济转变的一个信号，是产业界发生观念性变革的重要标志。"设计"与"工程"领域出现了对设计理解的共识，即"问题解决"。因此，"设计"与"工程"在商业需求的驱动下开始出现了真正意义上的合作。

工业设计与工程设计的范畴对比见表 42.1-1。

表 42.1-1　工业设计与工程设计的范畴对比

工业设计	工程设计
重点关注问题解决与创新	重点关注制造与流程
解决人造物与人之间的关系问题，满足人的生理、心理需求，用户导向，注重交流与服务	解决人造物中物与物之间的关系问题，与生产加工相关度更高，注重技术支持
是现代经济和市场活动的重要组成部分，跨界思维更便于解决问题，设计思维驱动社会创新	专门化思维更有利于解决专门问题，工程思维解决实际问题
体验为目标，注重使用者的体验，兼顾形式感与合理功能	功能为目标，专注功能实现，强调可靠
定量与定性结合的人性化设计方法，综合感性与理性思维	定量，理性

1.3　工业设计的产品造型要素（见表 42.1-2）

表 42.1-2　工业设计的产品造型要素

基础要素[①]	组成要素	性 质 及 内 容
功能基础（实用性）	工作范围	是指产品的应用范围，它不可能有广泛的工艺性和工作区域，一般均按一定的功能范围构成系列
	工作精度	是标志同种产品质量性能的高低、反映产品内在质量的主要技术指标，是体现功能的主要因素
	可靠性与有效度	可靠性是表示产品的功能在使用时间上的稳定程度，其指标可靠度是指产品在规定条件下和预期的时间内完成规定功能的概率。有效度是指可维修产品在特定的时间内维持其功能的概率
	宜人性	指产品造型设计必须以人机工程学的观点，来确定人和机器之间最适宜的相互作用方式和方法，提高人的操纵活动能力，以达到高效和高准确度的要求

（续）

基础要素①	组成要素	性　质　及　内　容
物质基础 （科学性）	结构	结构是实现功能的核心因素，产品的高性能、多功用依靠科学、合理的结构方式来实现，相同的功能要求可采用不同的结构方式，不同的结构产生不同的造型形式
	材料	是造型必不可少的物质条件，是满足功能要求、体现结构的基本要素
	工艺	是实现结构完成造型的基础手段，相同的材料和功能要求采用不同的工艺方法加工所获得的外部质感和造型效果是不相同的
	经济性	是指实现产品造型的生产成本，经济性制约造型的结构方式、材料的选用、工艺方法的选择及其他造型因素，使之更具有合理性
美学基础 （艺术性）	美学原则	指造型的比例与尺度、均衡与稳定、统一与变化等指导造型设计的基本艺术表现法则
	形体构成	依据造型几何要素，按照一定的构成方法进行平面或立体的形体构成，是产品形体设计的基础
	色彩	产品的外在美必须依附于形体的色彩来体现，色彩的配置规律和法则是实现造型美的重要因素
	装饰	是产品造型体现实用功能和表现精神功能的因素之一，是进一步提高产品造型艺术效果的手段

① 基础要素不同组合的功能表现为：

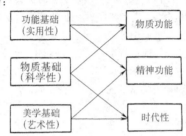

1.4　产品造型设计的特征与原则（见表 42.1-3）

表 42.1-3　产品造型设计的表现特征与设计原则

主要原则要求		表　现　特　征
实用性要求与特征		显示使用功能先进与可靠的现代科学技术的功能美
		表现符合宜人因素的舒适美
科学性要求与特征		体现先进加工手段的工艺美
		反映大工业自动化生产及科学性的严格和精确美
		标志力学、材料学、机构学新成就的结构美
		符合标准化、通用化、系列化的规整美
艺术性要求与特征		表现最新形态构成原理的形态美
		符合最新数理逻辑理论的比例尺度美
		应用最新物质材料的材质美与色彩美
		表现审美新观念的单纯和谐美
总体设计原则	实用	使产品在所使用的条件下得到最满意的使用效果，发挥"人-机-环境"的整体效用，这是评定产品造型设计的技术性能指标
	经济	约束产品的功能、结构、工艺、外观质量，取得合理性、可靠性、价廉物美，使产品获得竞争力，达到更高的经济效益
	美观	使产品在符合实用与经济的条件下，获得适应时代要求与人们审美观念的新颖造型形态与外观质量，产生艺术感染力和精神功能，这是评定造型的审美性指标

1.5　造型设计的程序与步骤（见图 42.1-1、表 42.1-4）

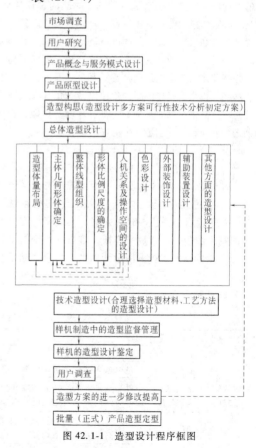

图 42.1-1　造型设计程序框图

表 42.1-4　造型设计的工作程序内容与技术设计的配合关系

技 术 设 计		造 型 设 计	
产品设计 及制造阶段	技术设计工作内容	造型设计 阶　段	造型设计工作内容
产品开发	进行市场调查,预测产品发展方向,运用新的创造发明,改进或发展老产品系列,制定新产品规划	调查研究	进行市场调查及用户研究,充分考虑用户需求以及产品的品牌效应、商业与社会价值,倡导"设计先行"的原则,了解新工艺、新结构、新材料,着手外观造型的设计,创造新一代产品。结合新产品开发制定造型设计新方案
产品构思	确定设计任务,进行功能分析和功能综合,进行技术经济分析,确定产品基本技术指标、经济指标和规范	造型构思	广泛收集相关资料,从人-机-环境角度系统展开竞品分析,深入分析用户需求、功能、结构、工艺、材料以及造型要素,制定出新的产品设计指标
方案设计	提出原理系统图、传动链图及总体技术方案,进行多方案比较、确定设计方案(制作探索性模型),方案设计需考虑产品系统的交互逻辑	初步造型设计	体现产品总体方案,提出造型设计方案。画出造型方案主视草图和主体透视草图,制作简易外观模型,进行多方案分析比较。对于智能产品,需充分考虑界面设计的认知效率与美学品质,达到实体产品与操作界面的双重高品质
技术设计	进行部件、组件的装配结构方案设计,完成主要零部件图(制作功能模型进行技术实验),审定结构方案	整体造型设计	结合结构设计,进行整机或部分的立体造型设计,绘制正式的造型设计效果图,制作外观效果模型(包括色彩、装饰、特殊的造型材料及工艺方法选择),最后确定造型设计方案
零部件设计	按审定方案和造型设计方案进行各部件、组件的结构设计和零部件设计	零部件的造型设计及施工图设计	与技术设计配合,最后确定与造型有关的零部件设计,厂标(商标)、面板、装饰件等的造型设计
技术设计审批	审批各种技术资料和图样	造型设计审批	审批各种造型设计图样和产品外观效果模型
施工设计	编制工艺文件,设计工艺装备图样	造型设计实施	制订外观件的加工工艺及面饰工艺,审查施工图是否符合造型设计要求
工艺装备制造	监督是否符合设计要求		监督木模和模具等成型工装是否符合造型设计要求
样机制造	对制造、试验和完善工作进行监督与技术服务		监督样机的涂装工作,检查和完善外观色彩及装饰工作是否达到造型设计要求
样机鉴定	技术指标鉴定	造型设计鉴定	进行外观质量及造型水平分析鉴定,对于智能产品交互界面的设计进行评价
修改技术设计	完善和提高技术设计	完善造型设计	完善和提高造型设计
成批生产	进行技术鉴定	造型质量监督	进行造型施工和界面交互设计制作监督
产品销售	听取用户关于功能、技术指标、质量方面的意见和建议	听取用户意见及反映	听取用户关于造型设计、界面交互体验方面的意见和建议

1.6　工业设计在新形势下的相关理论及应用

1.6.1　品牌设计与产品识别系统（PIS）设计

（1）品牌设计

1）品牌设计的概念。品牌设计是在企业自身正确定位的基础之上，基于正确品牌定义下的视觉管理系统，它是一个协助企业发展的形象实体，不仅协助企业正确地把握品牌方向，而且能够使人们正确、快速地对企业形象进行有效、深刻的记忆。

品牌设计是在 CIS（Corporate Identity System）设计之后新崛起的概念，虽然其表征与 CIS 设计很类似，但品牌设计的内涵侧重于消费者的品牌认识与印象体验，而 CIS 则更多地体现为一种企业战略。CIS 设计的基本框架包括 MI（Mind Identity）、BI（Behavior Identity）、VI（Visual Identity），即从理念、行为、视觉等全方位打造企业形象。CIS 的基本设计框架也是当今品牌设计的主要设计手段，但需注意二者的切入点不同。除此之外，类似的概念还包括 PIS，即产品识别系统，这是产品设计的最直接关注点。

2）品牌的构成要素。

① 品牌的基本要素（见表 42.1-5）

表 42.1-5　品牌的基本要素

品牌名称	是品牌的最直接表现，能够简洁地体现品牌的核心内容，通过对品牌内容的概括化呈现，反映品牌理念、价值及品牌文化
品牌标识及图标	是品牌的视觉化呈现内容，是提供视觉感知的品牌识别体系，以直观、具体、可感知的形象符号推动品牌的识别、感知和记忆
标志字/标志色/标志延展设计	标志字是品牌中的文字部分，标志色是区别于其他品牌的色彩体系，标志延展设计包括含有完整标志的品牌包装设计、广告设计和广告曲设计等
品牌主题定位语	一般与品牌图标、品牌名称同时出现，体现品牌独特的差异化定位，体现品牌理念。品牌主题定位语能够进一步增强品牌的可识别性，加深记忆和认知
品牌理念、品牌价值	支撑品牌建构、品牌价值彰显的内核，是体现品牌长久生命力和品牌价值的重要因素
品牌文化	品牌的识别系统能够直接反映出一个品牌的文化属性和文化理念，能够从品牌标志中进一步突出品牌文化或企业文化，形成品牌文化的聚焦点

② 品牌的隐性要素（见表 42.1-6）

表 42.1-6　品牌的隐性要素

品牌保证和承诺	品牌本身作为一种特殊的保证和承诺，能够为消费者或受众提供可信度、满意度及忠诚度较高的品牌保障。品牌本身的理念、价值观和文化观始终作为背后的支撑至关重要。好的品牌承诺会使品牌本身充满活力和竞争力，也可以增强消费者或受众的信心和品牌忠诚度
品牌风格	经过长期的积累过程，品牌本身会具有一定的个性和风格，能够推动品牌被接受的程度，满足不同人的品牌个性需求，从而更好地推动品牌与消费者或受众之间建立良性互动关系
品牌感知与体验	在品牌发展和成熟过程中，信任、肯定等积极正面的情感认知，能够使品牌保持持续活力。注重品牌感知与体验，能够让品牌本身更具亲和力和生命力，为品牌的成长提供忠实的品牌拥护者
品牌价值观	是品牌理念、品牌价值和品牌文化的集中体现，是品牌文化的核心，也是品牌的 DNA

3）品牌的特征（见表 42.1-7）。

表 42.1-7　品牌的特征

可识别性	品牌的外在特征是指从品牌名称、标志等符号系统中显现出来的显性特征。通过品牌形象及识别系统的构建，能够形成个性化、差异化的识别属性，帮助消费者及品牌受众在品牌选择、品牌认知过程中从品牌识别方面加以区分
排他性	出于区别竞争品牌和同类品牌的考虑，保护自身品牌的独特优势和品质，促进品牌的建构和成长，在法律保护下，其他企业或法人不得仿冒、伪造、滥用
表象性	品牌能够通过表象的物质载体展示、传播品牌理念和品牌文化。品牌是消费者对企业及其产品或服务认知的总和，表象的载体认知是品牌认知的基础环节
高附加价值	品牌背后富含的品牌价值、品牌文化及品牌理念构成品牌的高附加价值，品牌拥有者可获得固定资产及资本优势之外的品牌核心竞争力，从而获得可持续性的经济收益和综合效益
不确定性	品牌成长过程中会面临许多不确定性因素，内外部不利因素的干扰会影响到品牌的成长速度及品牌的价值度。经营不善、信用危机、品质下降等导致品牌危机，也会影响到品牌本身的发展，甚至导致品牌失败
可持续性	品牌成长本身就是一个长期的、可持续的过程，品牌不会一蹴而就，需要长期的积累和再升级

4）品牌的主要设计流程（见表 42.1-8）。

表 42.1-8　品牌的主要设计流程

市场调研	项目团队人员围绕项目目的和内容展开品牌环境调研和信息、竞争状况调研，采集消费者需求、品牌经营状况等信息资料，进一步明确品牌的目标市场，为设计定位提供客观依据
设计定位	根据市场调研情况，设计团队对目标品牌进行准确定位，确立品牌识别的核心理念和行为方式，规划品牌的发展空间和途径，并推导符合品牌定位的设计概念和风格
品牌定位提案	设计机构将调研信息和信息定位方案汇总，提交项目管理人员及负责领导，进行提案陈述和沟通交流，同时记录客户的合理意见并进行修改
品牌系统设计	品牌设计工作的主体主要分为识别、产品和空间三个部分。品牌的产品和空间设计应在识别设计标准和技术条件许可的基础上，完成符合品牌定位的具体设计方案，并绘制设计图、效果图及相关模型；包装设计应根据具体需要绘制包装机构图及设计样品
导入实施	设计机构在品牌形象的导入实施过程中应与技术部门密切合作，确保项目制造和实施工作的顺利完成，直到企业在新形象宣传方面成为专业化团队。品牌形象的导入分为内部和外部两个方向，内部导入一般从设施和企业事务用品投入应用开始
信息反馈	信息反馈是品牌形象设计成败、优劣的标准。设计机构或企业应收集企业人员、消费者、合作伙伴的反馈意见，评估管理和销售业绩与品牌形象设计的关系，及时纠正存在的问题，进一步调整和改进品牌形象设计方案。同时，来自市场的信息反馈也是设计机构展开下一阶段品牌设计工作的重要参照

5）工业设计学科中与品牌设计相关的概念（见表 42.1-9）。

（2）产品识别系统（PIS）设计

1）产品识别系统（PIS）的定义与意义。产品识别系统（Products Identity System，PIS）是品牌形象识别系统的重要组成部分，是品牌血统（DNA）传承至产品的具体表现。简而言之，即如何让产品具有清晰的品牌辨识度。

PIS 是一项根植于工业设计的系统工程。其目标是将品牌价值通过产品展现出来，以突破以往品牌价值仅仅在传播上反映的局限，让品牌落地于实际产品之中，通过积淀，以品牌价值为基准，将相悖的产品逐步清理，以实现品牌血统的纯净，增加市场竞争力。在产品日趋同质化，市场竞争异常激烈的今天，以产品设计为核心的产品识别系统设计是企业竞争的重要战略资源。事实上，从产品造型设计到产品 PIS 设计，不仅意味着设计层级和理念的不同，更为重要

的是设计向设计战略和企业文化的延伸。PIS 是将产品形象通过一定的视觉识别设计，予以视觉化、规范化和系统化，并通过整合性宣传，使公众产生一致的认同感和价值观的一种产品整体设计战略。

表 42.1-9　工业设计学科中与品牌设计相关的概念

英文缩写	中文名称	主要含义
CIS	企业识别系统	企业文化和经营理念统一设计，利用整体表达体系传达给内部和公共企业，使其产生一致的认同，形成良好的企业印象。其由 MI、BI、VI 三方面组成
MI	理念识别系统	确立企业自己的经营理念，企业对目前和将来一定时期的经营目标、经营思想、经营方式和营销状态进行总体规划和界定
BI	行为识别系统	直接反映企业理念的个性和特殊性，是企业实践经营理念和创造企业文化的准则，是对企业运作方式进行统一规划而形成的动态识别系统
VI	视觉识别系统	企业识别系统中的视觉形象设计部分，也是其中最具传播力和感染力的部分，它涵盖了整个品牌的视觉形象设计，属于企业文化中的物质文化范畴，是将 CIS 中非可视内容转化为可视化的视觉识别符号，以丰富多样的应用形式，在最为广泛的层面上进行最直观的传播，也是提高企业知名度最直接有效的传播手段
PIS	产品识别系统	产品在设计、开发、流通和使用中形成的统一的形象特质，是产品内在的品质形象与外在的视觉形象形成统一性的结果

2）产品识别系统（PIS）的构成要素（见表 42.1-10）。

表 42.1-10　产品识别系统（PIS）的构成要素

构成要素	定义	内容
视觉识别要素	产品的外部本体属性。视觉识别要素是 PIS 设计语言的物化，是 PIS 设计中的基本要素，更是对用户而言最直观的认知对象	形态识别要素 材质识别要素 色彩识别要素 界面识别要素
个性识别要素	产品内部的附加属性要素。PIS 的设计不仅仅是用户所看见的产品外观，更重要的是，它是定义并引导人们生活的时代性文化的表达	产品个性识别要素传达的是 PIS 设计中的理念与情感，设计师依据企业文化内涵，提取产品设计理念，进行产品识别设计，从而激发社会和用户在精神与情感方面的共鸣

3）产品识别系统（PIS）的特点（见表 42.1-11）。

表 42.1-11 产品识别系统（PIS）的特点

文化性	产品设计的内涵体现，彰显产品设计的文化价值与理念构成，彰显产品设计的内在文化表达以及 DNA 传承
差异性	通过外在视觉识别特征表现出的内外特征。产品需具有独特的个性化表达，并通过专利权等保护自身品牌的独特优势和品质
传播性	PIS 更关注产品在终端上的表现能力，以及配合促销的力度，制定良好的产品形象。从目标上，能使企业有明确的市场方向；从战略上，能最大化地配合企业整体形象；从形式上，更为细化，分类更详细；从传播上，能将产品以系列、整体的风貌，以视觉最大化的方式展现在消费者眼前，从而令潜在消费为实际消费，变偶然购买为长期购买；而在投入上，能以较小的投入，以合力的作用迅速启动市场
持恒性	产品的品牌营造是一个长期积累的过程，过度的形式创新应该避免，宜采取循序渐进的视觉识别与个性识别方法进行设计升级，以保证产品品牌特征的持续传承和进化

4）产品识别系统（PIS）的设计步骤（见表 42.1-12）。

1.6.2 通用设计

（1）通用设计的内涵

广义来讲，通用设计（Universal Design）是指设计的产品要具有普遍的适用性，能为所有人提供方便。通用设计强调的是无歧视、同等机会和尊重个人权利，因此通用设计倾向于把所有的使用者（无论是健康人还是残疾人）都看成是程度不同的能力障碍者。按照通用设计理论设计出的产品或环境，应能为所有的使用者提供公平的方法和渠道，以使其具备正常使用该产品和环境的能力。

（2）通用设计的基本原则（见表 42.1-13）

表 42.1-12 产品识别系统（PIS）的设计步骤

确立品牌价值体系	综合考虑 CIS（MI、BI、VI）的相关要素，确立产品设计的品牌定位
以理念识别为基准的使用行为体验设计研究与视觉设计研究	将品牌文化内涵与外延落实于使用者的行为体验分析与视觉品质分析上
产品风格界定	确定产品的造型风格，完成造型设计定位
产品形态、材质、色彩以及界面等细节界定与开发设计	细节设计实施，注意系统性与品牌传承
妥善处理产品的识别规范与创新要素之间的关系	注意系统性与品牌传承，既要强调产品设计创新点，又要强调品牌自身特点的继承与系统性
应用产品的辅助图形或元素，进行开发设计及包装设计	更进一步的平面视觉设计有利于传播与市场开拓
体验机制与用户回馈	为下一次的产品开发与迭代提供相关支持

表 42.1-13 通用设计的基本原则

基本原则	主要内容	设计实例
公平性	设计的产品应对能力各异的使用者们都适用 1）设计的产品应对所有的使用者提供相同的使用方法。只要可能，就应该使用同一方法；不然，也要用相对平等的方法 2）不能将任何使用者划作"另类"或者对其有歧视 3）保证使用者的安全和隐私，对任何使用者都不会造成危害和窘迫 4）设计作品要对所有使用者都有吸引力	方便所有人使用的自动门、升降电梯、遥控器等
灵活性	设计应广泛适应不同的个人爱好和身体能力 1）使用方法可以选择 2）左手和右手都能用 3）设计应有助于提高使用的准确和精确程度 4）可以调整并适应使用者的不同使用习惯和节奏	左右手通用的工具
直观性	不论使用者的经验、知识、语言能力和目前的专注程度如何，使用方法都应简单易懂 1）设计要除去不必要的复杂性 2）与使用者的预期和直觉要一致 3）对使用者的文化素养和语言能力的适应范围要宽 4）根据信息的重要性提供排序 5）在完成任务的过程中和完成后要提供有效的激励和反馈	符合语义学原则的设计，简便易学的操作程序

（续）

基本原则	主要内容	设计实例
准确性	不论环境条件及使用者的感官灵敏度如何,设计都应该能向使用者有效地传达必要的信息 1)要采用不同的方式(图形、语音、触摸等)多渠道表达基本的信息 2)重要信息与其背景环境之间要有足够的反差,重要信息要最大限度提高其易读性 3)要用可描述的方式将要素予以区分,以便于给出指示或指令 4)对感官灵敏度有限制的人群,要提供多样的具有兼容性的其他技术或装置	加大的开关和操作键等
容错性	设计要将危险以及因意外或非故意动作导致的负面后果降到最小 1)为使危险和错误最小,越常用的要素越要布置得最易触及,危险性的要素要予以排除、隔离或者屏蔽 2)对危险动作和错误操作提出报警警告 3)一旦操作失误,要提供误操作后的安全保护措施 4)要求集中精力的工作中,要设计避免无意识动作的措施	可恢复的程序软件
省力	产品使用起来应该有效、舒适、不易疲劳 1)允许使用者保持自然体位 2)操作用力合理 3)无效的重复性动作最少 4)尽量减少静态施力	各种杠杆等省力机构,助力系统
外形尺寸和操作空间适当	能为不同身高、不同体态以及不同行动能力水平的使用者们提供接近、触及、操纵和使用的适当空间 1)无论是坐着还是站着的使用者,均不能阻挡其视线,以便使用者能看清重要信息 2)让坐着和站着的使用者都能舒服地触及所有的操作部位 3)要能容纳大小不同的手部尺寸,适应不同的抓握尺寸 4)为使用辅助设备和个人辅具提供足够的空间	所有人都可顺利通过的安检门,方便所有人使用的操作台等

1.6.3　交互设计的内容与方法

（1）交互设计的概念与内涵

交互设计是人工制品、环境和系统的行为,以及传达这种行为的外观元素的设计和定义。交互设计时,首先要规划和描述事物的行为方式,然后描述传达这种行为的最有效形式。交互设计是一门特别关注以下内容的学科：定义与产品的行为和使用密切相关的产品形式；预测产品的使用如何影响产品与用户的关系,以及用户对产品的理解；探索产品、人和上下文（物质、文化和历史）之间的对话。总之,传统设计注重形式和内容,交互设计更关注行为与体验。

交互设计的对象具有广泛的范畴,可以是无形的（如软件）,也可以是有形的各类实体产品,还可以是空间、互联网和服务等。

（2）交互设计的系统组成（见表42.1-14）

表 42.1-14　交互设计的系统组成

产品	人
	人的行为
	产品使用时的场景
	产品中融合的技术

（3）交互行为分析（见表42.1-15）

表 42.1-15　交互行为分析

行为类型	关注点
经常性行为	经常发生的行为,应容易操作
偶然性行为	偶然发生的行为,应容易学会操作
受时间影响的行为	在时间宽裕时可以很好地完成、时间紧迫时则很难顺利完成的行为,需要充分考虑时间因素对行为的影响
受环境影响的行为	在某些情况下可以顺利完成、在另外的情况下则很难完成的交互行为,应考虑采取抗干扰能力强的交互技术或采用可替代的其他交互行为
要求迅速响应的行为	在用户与产品交互时,产品系统要求的操作时间短的行为需要注意,过长的响应时间会使用户厌烦
可能引起误操作的行为	在设计时采用必要的安全措施和限制条件,避免误操作行为带来的严重后果

（4）交互设计的应用技术（见表 42.1-16）

表 42.1-16 交互设计应用技术

无处不在的计算技术	摩尔定律预见了芯片性能的不断提高和体积的不断减小，使计算机可无缝集成在产品中，从而导致无处不在的计算技术的实现成为可能
渗透性计算技术	将计算机技术应用到各类移动式产品之中，使人们能随时随地进行信息交流，如手机上网、GPS 定位
可穿戴的计算技术	可穿戴技术可以把多媒体、传感器和无线通信等技术嵌入人们的衣着中，可支持手势和眼动等多种交互方式，改变了传统交互方式，提供了既便捷又舒适的新颖交互形式
多点触摸技术	一般的触摸技术只应对一个输入（接触），多点触摸技术可以接受多个输入、多人同时操作一个界面，即使没有鼠标键盘，也可通过人手的多点触摸与计算机进行交互，改变了人和信息之间的交互方式
手势控制技术	该技术利用摄像头捕捉人手的动作，通过捕捉到的手势动作，结合其内置软件就能够实现如对电视进行开关、换台等操作。它的发展和创新促使传统交互方式发生了改变，极大提升了产品的层次和用户使用的乐趣
眼动追踪技术	眼动追踪利用图像处理技术，使用能锁定眼睛的特殊摄像系统，通过摄入从人的眼角膜和瞳孔反射出的红外线连续地记录视线变化，从而达到记录、分析和视线追踪的目的
无线射频技术	它是一种非接触式的自动识别技术。其基本原理是将非常薄的芯片置于条形码标签之中，使用时将内置无线射频的标签固定在被识别对象的上面，标签可以对装有天线的阅读器或查询机发出的无线查询信号做出反应，并可通过射频信号自动识别目标对象和获取相关数据 该技术广泛用于工业、畜牧业、道路交通和物流等领域

（5）交互产品设计的目标（见表 42.1-17）

1.6.4 系统设计

（1）系统设计的概念

系统设计是从系统论出发进行设计的方法指导。作为一种设计方法，系统设计曾在工程设计中起到重要的作用。系统设计方法要求设计者从开始时将设计的对象看作整体的系统，进行具体的功能分析与信息分析，得出分结论，然后再利用综合的方法将各个分结论进行系统综合评价。

工业设计中系统设计的概念源于现代设计的发源地德国。早期的系统设计主要指高度的秩序、模数体系，其核心是理性主义与功能主义，强调整体感与简单化。系统设计主要用于比较复杂的产品系统设计。

表 42.1-17 交互产品设计的目标

可用性	可用性目标体现在产品的"有用"与"好用"两方面："有用"反映产品本身的物质特性价值，"好用"反映产品具有的使用价值 可用性要求产品的常用功能应一目了然，操作便捷
用户体验	用户体验目标指用户"想用"这样的产品，这说明产品的技术、功能、外观等是"吸引人"和"渴望拥有的" 用户体验目标体现了产品的非物质属性 衡量用户体验主要从品牌、使用性、功能性和内容四个元素入手 品牌及体验过程的价值；功能性是否满足用户需求，易用性如何，提供的信息及结构是否准确合理

（2）系统设计的特点（见表 42.1-18）

表 42.1-18 系统设计的特点

系统具有独立的功能	承载一定的信息，完成特定的设计诉求。小到一支笔的设计，大到一个关于汽车的设计，乃至一种适应城市环境的新型交通方式设计，均为系统设计的对象。系统能够根据系统外的各种信息和条件完成独立的任务
系统具有整体性	系统由各种各样的元素组成，各个元素相互联系，相互作用，共同构成系统整体。例如，拥有庞大系统的汽车设计，不仅要考虑汽车作为交通运输工具最基本的运载功能，还有考虑其安全性、成本、生产工艺、表面工艺以及汽车作为一种利用能源进行工作的机器，如何才能降低能耗，同时还要考虑尾气、噪声对环境的污染，从绿色设计的角度出发进行设计的整合和综合。当然，对用户来讲，车外观的视觉吸引和车内部的舒适、低噪声也是设计中必须要考虑的因素。系统设计方法不仅能够整合各种设计对象，包含元件、元素之间的关系，同时也需要设计者能够在具体的设计中，进行其他设计方法的整合和协调作业，包括绿色设计、价值分析、功能分析以及计算机辅助设计手段的考虑和应用
系统具有相对性	系统设计中的系统与系统外部元素也有各种各样的联系和作用。设计世界中也永远不存在完全脱离整体和外部环境的系统。针对不同的设计重点和设计对象，系统设计界限也不同。同样是一辆汽车，在汽车设计中，是一个整体的系统，而在新的城市交通开发系统中，它却成为系统中的一个功能元素。此外，交通方式还要考虑用户的移动方式和移动地点，以及相应的城市设施等元素
系统设计的普适性	系统设计作为一种设计的指导思想，是从系统出发、全局考虑的方法，具有方法论的特点，在设计指导上具有普适性。但其并不是对特定设计任务的程序和方法的界定，它的任务是指导设计者要如何做，而不是具体做什么；它指导设计者如何进行产品设计，而不是针对设计的产品是什么

（3）系统设计的步骤及内容（见表 42.1-19）

表 42.1-19　系统设计的步骤及内容

系统设计的主要步骤	
1）确定设计任务；2）确定系统整体功能性；3）子功能的确定；4）子功能分析与方案解决；5）整体方案的协调统一	
系统设计的内容	
第一阶段	设计开始时，要尽可能多地向客户和用户询问设计的基本条件和限制，明确设计的条件信息（设计输入）是什么，设计要达到的结果（设计输出）是什么
第二阶段：功能分析	尽量多地考虑和罗列所有可以工作的功能，对现有的设计议题进行扩展，这样才能保证功能的尽量实现。如果产品功能很复杂，就要将总功能分解为一系列简单的子功能，可以按照机器工作流程分，可以根据操作方式分，也可以按照特殊功能进行划分。但系统设计最后要求的子功能定义是相似的，每个子功能都要有自己的输入输出系统，构成独立的设计子系统，而且有些子功能还有自己的附属子功能，这就需要针对具体情况，进行进一步的分析和核对。如果这些功能没有自己的输入输出系统，说明它们是多余的，可以去掉
第三阶段：建立子功能之间的关系	如何清晰形象地表达子功能间的关系十分重要，所以采用合适的表达方式阐明子功能间的真正关系是这个阶段的重要工作
第四阶段	对现有的系统进行限定，从而确定待设计产品的功能

1.6.5　服务设计

（1）服务设计的概念与时代背景

进入后工业时代，在物质产品相对充足的前提下，精神产品的消费需求呈现上升趋势。新闻、娱乐、健康、社交等诸多方面，包括传统的报纸、电视、娱乐等文化产业，传统的家用生活消费品以及健康、教育、生活咨询服务等，在飞速发展的计算机和网络技术的推动下快速转型，向着智能化、网络化发展，超越了传统物质消费的意义。消费者在生活中进行大量以信息获取为基础的决策，这与生活质量息息相关。因此，对信息的需求与消费成为后工业社会的重要特征。

随着信息时代的到来，设计问题的复杂性对多学科合作的要求日益突出，"用户导向"与"问题解决"的设计原则，使得不仅是制造流程，甚至商业流程都需要在设计阶段被充分考虑，设计师对无形的服务进行设计的机遇出现了。

在知识经济中，设计的核心任务将由事物的外部转向内部，从关注表象转为关注内涵。传统设计分类中对平面、立体、色彩等视觉因素的研究将被感知、体验和价值等内在的因素所取代，从认知到体验，由表及里。因此，对知识的解码与编码成为当代设计的核心。

（2）服务设计的内容与法则（见表 42.1-20）

表 42.1-20　服务设计的内容与法则

服务设计需完成的工作	服务流程的规划和服务产品设计
	服务体验设计
	文化的解读与适应
	服务行为与培训
	服务沟通与交互界面设计
服务设计基本法则	关注体验
	组织创新文化的构建
	基于系统的创新
服务设计的三个阶段	情景研究
	服务创新与设计
	组织实施

（3）服务设计的工具与方法（见表 42.1-21）

表 42.1-21　服务设计的工具与方法

人物志	是与服务系统相关的一组虚构的人物档案，是人格化的用户类型，用来代表某一类具有共同利益和特征的潜在客户群
利益相关人关系图	是将服务系统和环境中的用户、员工、合作者（或组织）以及其他利益相关者（或组织）放在一起，用图形化语言进行统筹分析的视觉化工具
用户体验旅程	是将整个服务过程按进程步骤进行分解的方法，通常以获知、接近、交互、离开四个阶段进行分解
用户预期分析	影响服务和服务体验的一个重要因素是用户预期和实现服务的冲突，所以要进行用户预期分析，以保证用户预期与现实服务的一致性
服务情境	是对服务做故事性的假想，是具有充分细节和行为含义的服务情境讲述
服务原型	是通过模拟服务体验以测试服务系统可行性的工具，简单的可以是"角色扮演"，也可以是复杂到使用户直接参与的，包括所有服务触点的全尺寸真实模拟情景的搭建
服务系统图	也称为服务生态图或系统范式图，用来表述服务系统赖以存在的系统动态机制
服务蓝图	是基于服务流程图搭建的系统地描述服务的工具

（4）服务设计的工作目标（见图 42.1-2）

图 42.1-2　服务设计的五个工作目标

2　人机工程概述

2.1　术语与定义

1）人机工程。研究与解决人-机器-环境协调统一，形成有机联系，使机器或设备适合人的生理和心理要求以及其他因素，从而实现工作环境舒适安全、操作准确、省力、简便，减轻操作疲劳和提高工作效率。

2）工作系统。为完成一项工作任务，在所给定条件下的一个工作环境中，由实现工作过程的人与工作器具组合而成的系统。

3）工作任务。工作系统的目的。

4）工作器具。在工作系统中可以使用的技术对象、设备和辅助材料。

5）工作过程。在工作系统中，人、工作器具、材料、能量和信息共同作用的空间及时间顺序。

6）工作位置。在工作系统中人占用的工作空间范围。

7）工作环境。在工作空间中，围绕人周围的各种物理、化学、生物等影响因素的总和。

8）工作负荷。在工作系统中干扰人的生理或心理状态的那些外部条件和要求的总和。

9）工作应变。工作负荷对人的特性和能力的影响。

10）工作疲劳。工作应变的局部性或全身性的非病理的表现，一般通过休息可完全恢复。

2.2　人机工程学的研究内容与方法（见表 42.1-22）

表 42.1-22　人机工程学的研究内容与研究方法

研究内容	基础	人体测量、环境因素、作业强度、疲劳、知觉、运动特点、作业姿势		
	发展	操纵、显示、人机系统		
	前沿	人机关系、人与环境、人与生态、模型、人际关系、团体行为、组织行为、交互行为、体验认知		
研究方法	观察与描述研究	情境：人为情境、实验情境、自然情境		
		数据获取	定量观察时，运用结构化方法（数据资料记录在事先制定的记录框架中）	
			定性观察时，过程开放，以便搜集到广泛数据	
		知情性：指被观察者是否知道被观察		
		观察者	隐蔽观察	
			与被观察者互动但不融入	
			完全融入被观察群体	
	实验法	在其他变量 C 被妥善控制的情况下，实验者系统地改变某一变量 A，观察 A 的系统变化对另一变量 B 的影响		
	相关研究法	在尽可能自然的状态下，确定两个以上变量之间的统计关系		

2.3　人的感觉与反应能力

2.3.1　术语

1）感觉通道。人接受不同信息的感觉器官及其系统（如视觉、听觉、触觉等）。

2）感觉阈限。感觉通道接受信息刺激的强度范围，称为阈限。刚能引起感觉的最小刺激强度，叫绝对阈限；刚能引起差别感觉的刺激之间的最小差别，称为差别阈限。

3）反应时间（感知时间）。从获得信息刺激到发出指令、执行操作完毕所需要的时间。

4）选择反应。在多个信息中必须首先进行信息选择，找出需要的信息所做出的一种反应。

5）反应潜伏期。感觉通道从获得信息到做出反应的这段知觉时间。

2.3.2　人的感觉通道性质与选择（见表42.1-23）

表 42.1-23　人的感觉通道性质与选择

感觉通道	视　觉	听　觉	触　觉	嗅　觉	味　觉			
					咸的	甜的	酸的	苦的
感觉反应潜伏期（平均值）/ms	150~220	120~180	90~220	310~390	310	450	540	1080
知觉方法（间接或直接）	光为介质	声为介质	直接的	间接的	直接的			
知觉范围	有局限性	无局限性	无局限性	无局限性	无局限性			
知觉难易	必须看见对方	最容易	少许困难	容易	相当困难			
知觉复原难易	容易	容易	容易	不易	不易			
重复采用的频度	大	大	小	小	没有			
实用性	大	大	较大					

3　工业设计中的人机关系

3.1　人机系统与人机界面（见图42.1-3、表42.1-24）

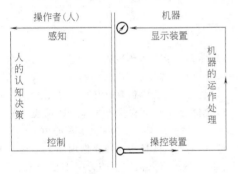

图 42.1-3　人机界面

人机系统研究的是人、机、环境三者间的关系。它包括人和机两个基本部分，两者互相联系构成一个整体。如果把人机系统看成一个信息环路，人的信息加工过程就是环路的一部分，机的概念则可以理解为与人交互的所有硬件、软件因素的综合，是设计的对象；环境则可以看成外因，属于干扰因素，是人机系统的影响因素。

表 42.1-24　人机界面评价方法

经验性评价方法	当方案不多，问题简单时，可以依据评价者的经验对方案做粗略分析和评价
数学分类评价方法	运用数学工具进行分析、推导、计算，得到定量的评价参数
试验评价方法	对重要的方案环节，通过试验（模拟或样机试验）对方案进行评价，所得的参数准确但代价较高
虚拟仿真评价方法	可以在实施具体设计之前对其进行评估，避免产品完成后的修改，从而节省费用

人机界面是人与机之间交换传递信息的媒介，人和机的所有信息交流都发生在人机界面上，人通过控制将信息传递给机器，机器通过显示将信息传递给人，因此人机界面设计主要就是显示、控制以及他们关系的设计。

3.2　人机能力比较与分配原则（见表42.1-25、表42.1-26）

表 42.1-25　人机能力比较

阶段	人的能力	机器的能力
信息感受阶段	1）能感觉微小刺激，敏感性高，绝对阈限低 2）感觉范围有限 3）能察觉低频率事件 4）能在高噪声的环境卜检出需要的信号 5）抗干扰性低 6）能获得和报告最初的信息 7）识别图形的能力强 8）能阅读和接受口头指令，灵活性很强	1）没有像人那样低的感觉阈限 2）能在人不能感觉的领域里工作，能在视觉范围外（红外线、电磁波）工作 3）程序控制，选择反应有极限 4）噪声掩盖信号时就不能检出信号 5）抗干扰性高 6）没有直接的智力发现和选择 7）图形识别能力弱 8）无学习能力，灵活性差
处理信息和决策阶段	1）能识别利用信息，简化复杂情景 2）有随机应变的能力，可利用不同的方法达到相同的目的 3）有创造能力，对尚未接触的事物可进行决策	1）无人的知觉常性，也不能在不同的空间和时间识别同一对象 2）无随机应变能力，但对常规重复机能有很高的可靠性 3）没有创造推理能力，只能做是和否的简单决策

（续）

阶段	人 的 能 力	机 器 的 能 力
处理信息和决策阶段	4）通道容量小，限制了信息传递速率 5）计算能力弱，速度慢，错误相对大，但能巧妙地修正错误 6）具有归纳思维能力，但不易得到战略的最佳效果 7）能实现大容量的、长期的记忆，并能同时和几个对象实现联系，但短时记忆相对很差 8）能处理出乎意料的事情，适应性强，有一定的预测能力	4）能进行多通道的复杂的动作 5）计算速度快，能精确重复计算结果，但不能修正错误 6）只能理解特定的事物，但能用程序对事件做出最佳方案 7）能进行大容量、短期的数据记忆和取出 8）只能处理已知的事情，适应性弱，没有预测能力
操作反应阶段	1）相对高的反应潜伏期（最小值为200ms） 2）超精密重复操作差，可靠性低 3）能从经验中发现规律，能根据经验修正反应时间 4）易疲劳，不能容忍长时期、负荷大的反应 5）追踪操作差 6）输出功率有限，但能进行精细调整 7）环境要求舒适，但对特定的环境能很快地适应	1）任意低的反应潜伏期（反应时间为微秒级） 2）能连续进行超精密重复操作，可靠性高 3）不能利用经验数据 4）不疲劳，能胜任长时期、负荷大的反应 5）追踪操作佳 6）输出功率可大可小，不能进行精细调整 7）可在恶劣环境下工作，但不能随意改变工作条件

表 42.1-26   人机功能分配原则

比较分配原则	是指比较人与机的特性，并以此为依据进行功能分配。一般来说，高强度、高精度、单调的、操作环境恶劣的工作需要机器完成，设计方案、编制程序等创造性工作需要人完成
剩余分配原则	是指把尽量多的功能分配给机，特别是计算机，剩余的功能分配给人。这样的分配原则可能使机器分配功能过多，造成人机功能的失衡
经济分配原则	是指以经济效益为基础进行人机功能分配
宜人分配原则	此原则认为，工作应体现人的价值和能力，因此需要分配一些具有挑战性的工作给人
弹性分配原则	是一种很理想的人机分配原则。根据弹性分配原则，人可以自行选择参与系统行为的程度，功能分配具有很大的弹性

3.3   人机关系设计的指导原则

3.3.1   术语

1）体力。指人体产生的力，它以肌力、惯性力或作用力的形式作用。

2）肌力。由身体肌肉的收缩作用所产生的力。

3）惯性力。外部作用于身体后的反应力所产生的力（如重力、减速力、加速力、离心力等）。

4）作用力。由身体向外界作用的力，它是由惯性力、肌力或二者共同产生的力（如全身力、臂力、手力、指力、腿力、膝力、足力等）。

5）操纵力。它是在被操纵的对象（负载），或自己身体的某一部分自由运动时，作为驱动力或制动力施加的动态作用力。

6）操作力。在已进行的运动中，作用在调节部件的接触面或者其他物体上的一种动态作用力。其分为动态拉力和动态压力；按力的方向又可分为垂直力、水平力、纵向力、横向力、离心力和向心力。

7）眩光。视野内亮度过大或亮度差过于悬殊所引起的视觉干扰。

3.3.2   人机关系设计的一般指导原则（见表 42.1-27、表 42.1-28）

表 42.1-27   工作位置和工作器具设计的人机关系指导原则

主要方面		细节内容		原 则 要 点
项目	要　求	项目	要　求	
工作空间	按人体尺寸确定的各项技术原则与工作空间，应以人体活动的要求空间为依据	—	—	工作面的高度应适合人体尺寸和工作类型 坐的场合应符合人体解剖学和生理学特点 手、臂、腿应有足够的活动空间 工作器具的把手应与人的手相适应 各种操纵器应布置在人体功能可能实施的范围内

（续）

主要方面		细节内容		原　则　要　点
项目	要　　求	项目	要　　求	
操作姿势	身体姿势、体力和运动三者应适合操作并互相制约	身体姿势	不得因姿势不当而给肌肉、关节、韧带，以及心血管系统造成不必要的负担	一般状况，坐姿优于立姿，当工作空间的位置和大小要求站着工作时，才考虑立姿 能坐、站交替效果更好 当身体传递很大的力时，距离应尽可能地短，应取合适的姿势或有适当的支撑物 应避免强制保持的姿势（即造成肌肉在静态下超过负担），如不可避免，应设置支撑物，或交替采用起平衡作用的身体姿势和身体运动
		体力	使用的体力必须保持在生理上可承受的限度内	使用肌肉群发出的体力时应与生产效率相适应，或者使用技术性的辅助手段来帮助 不宜超过体力所允许的负荷 为减少使用者的体力，应尽量利用重力 工作器具的把手和调节部件的造型、布置及选择应使工作者只用一般的体力
		身体运动	身体运动应符合自然的运动节律	宁可选择身体活动而不选择不动 使用的力应与人体的活动状况相适应 要求精确度很高的操作活动应付出较小的体力，但又必须有一定的阻力，才能感知操作的精确度 为改善操作运动进程，应配备导向辅助设施
信息的接收与传递	信息的接收与传递，应与人的信息感觉通道、传递方式和人的操作反应的生理、心理方面的有关要求相适应	显示与信号	显示与信号的选择设计和布置，应与人的察觉能力（视觉、听觉、触觉）相适应	显示与信号的数量及种类应符合对信息的需要；种类及信息源的设计主要取决于工作任务，尤其是察觉的任务 信息源很多时，应按照安全、明确和快速定位的观点进行空间布置，并符合工艺流程，或按信息的重要性及出现频率而定 显示与信号种类的选择与设计应确保接收的信息明确无误，应特别考虑信号的强度、形式、大小、确切性和对比度，使其突出于视觉或声学背景条件 显示及其基本量应与运动方向和范围的变化一致 进行长时间的观察与活动时，应通过显示与信号的特殊设计与布置，避免超过或达不到要求的状况
		调节部件	调节部件的选择、造型和布置，应适合有关身体部位及其运动，并考虑有关灵敏度、精确度、速度和作用力等方面的要求	调节部件的种类、造型和布置取决于调节任务的特点 调节部件的功能应明确且易于识别，避免混淆 调节方式和调节阻力的选择取决于调节的任务和人的生理条件 调节动作的方向应与显示的变化方向有恰当的相合关系 对多个调节部件应按照安全、明确和快速调节的观点进行布局 调节部件应确保不会发生无意识调节可能造成的危险

表 42.1-28　工作环境设计的一般指导要点

基本要求	主　要　方　面	细　节　内　容
应保证物理、化学、生物等条件对人的健康无不良影响，并能使工作者保持其效率，促进其作用的发挥。为此，既要考虑客观的可测量条件，又要考虑主观方面可确定的条件（如避免危险、满足生理要求、鼓励积极性等）	工作室空间尺寸（包括连接每个人工作平面的通道）要足够大	工作室人数、操作性质及空间、设备占有面积、通道等
	空气条件应满足基本要求	工作室内的人数、体力劳动的轻重、工作室的大小（须考虑设备）、室内空气的污染、消耗空气的设备（如煤气、火焰等）
	工作气候适宜，在一般外部条件下，穿着合适的服装时，可以适应气候条件	气温、空气湿度、气流速度、辐射
	应根据具体工作活动布置照明，使视觉舒适	照度、照明的均匀性、无眩光、对比度、光色、人的年龄
	应以心理学的观点来考虑工作房间和工作器具的色彩配置	色调倾向、色彩的色相、明度、纯度和配置的调和与对比关系、色面质地
	应避免有害于健康或导致危险的噪声影响	降低和控制声源噪声、个人防噪措施
	应避免达到生理临界范围的机械振动和冲撞传递到人体上	降低和控制振动源、个人防振措施
	必须防止有危险的物质和有害射线的作用	粉尘及有毒性气体、辐射线、微波等
	室外工作情况下，必须有足够的抵御坏天气的防护措施	防热、防冻、防风、防雨、防雪、防水

3.4　人机工程学与工业设计的关系

人机工程学与工业设计的本质关系在于"以人为本"的学术理念。人机工程学与工业设计的关注点都是人与物的关系，二者的研究主要基于人的行为特征和心理体验及其与人造物之间的互动关系。现代设计研究中与人机工程学关联性最大的研究之一，是以人为中心的设计，即为人类各种生产与生活所创造的一切"物"，在设计与制造时，都必须把"人的因素"作为一项非常重要的条件来考虑。显然，研究和应用人机工程学原理和方法就成为工业设计师所要面临的课题之一。人机工程学为工业设计提供的设计依据见表 42.1-29。

表 42.1-29　人机工程学为工业设计提供的设计依据

设计依据	设计依据的关键内容
尺寸参数	为工业设计中物的尺寸确定提供参数，以满足使用者的使用舒适性
功能依据	为工业设计中产品系统的设计提供功能依据，为人机系统进行合理的功能分配
环境准则	为工业设计提供相关照明、噪声、振动、小气候和色彩等物理环境与心理环境的准则
系统依据	为工业设计提供系统搭建与构成的依据，为产品系统设计奠定基础
以人为中心的设计方法	合理运用内部知识与外部知识
	简化任务结构
	注重可视性
	建立正确的匹配
	利用限制因素
	考虑人的差错
	标准化

第2章　工业设计的造型表现

1　机械产品造型设计的定义与研究目的

机械产品造型设计是协调处理机械产品功能与形式的关系，获得人-机-环境和谐统一，符合时代要求的一种创造性活动。

机械产品造型设计是指机械产品造型形态方面有关的设计，它包括充分表现机械产品功能的形态设计，实现形态的结构方法和工艺方面的设计，以及达到方便宜人、与环境协调的人机关系设计。通过机械产品的造型设计，把机械产品的功能、结构、工艺、材料、人机关系、形态和色彩等因素，与造型设计有关的工程技术问题，以及造型形态的艺术表现自然地融合起来。

2　机械产品造型设计的艺术表现法则

机械产品造型设计是具有实用功能的造型，不仅要求满足良好的功能使用需求，而且要求以其造型形式给人以美的感觉和艺术享受。尽管这种要求没有绝对唯一的答案，并受时代、地域、使用人群特征等多方面因素影响，但仍可从美学理论中总结出艺术构成法则，作为机械产品造型的参考标准。

（1）定义

1）比例。造型对象各部分之间、各部分与整体之间的大小关系，以及各部分与细部之间的比例关系。

2）尺度。造型对象的整体或局部与人的生理或人习惯所见的某种特定标准之间的大小关系。

（2）特征

1）造型体的比率美是一种用几何语言和数比词汇去表现机器美的抽象艺术形式。正确的比例、尺度是完美造型的基础。

2）造型的比例关系是依据功能效用的要求、可能的技术条件以及材料、结构、时代特征等因素，再结合人们对造型的欣赏习惯和审美爱好而形成的。

3）造型的比例关系不是固定不变的，而是随其构成因素的变化、功能的要求、生产工艺的革新、科学技术的发展及审美观点的变化而变化。

2.1　机械产品造型的形态比例

2.1.1　机械产品造型常用比例及特征（见表42.2-1）

表42.2-1　机械产品造型常用比例及特征

比例名称	比例数值或系列	比例特征	图形表示	作图方法
整数比例（等差数列比例）	$1:1, 1:2, 1:3,$ $1:4, \cdots, 1:n$（n 为整数）	以正方形为基础派生的一种比例	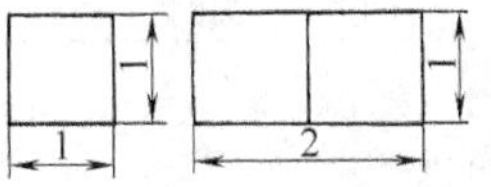	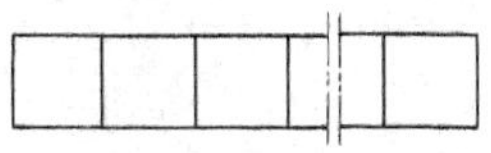
均方根比例（直角比例）	$1:\sqrt{2}, 1:\sqrt{3},$ $1:\sqrt{4}, \cdots, 1:\sqrt{A}$（$A$ 为正整数） $1:\sqrt{2}=1:1.414,$ $1:\sqrt{3}=1:1.732,$ $1:\sqrt{4}=1:2$	由正方形的一边与其对角线所形成的矩形，并不断由其派生出的新矩形对角线和正方形边，可连续构成一系列的均方根矩形　这些边比关系受到数值制约，具有明确的肯定性	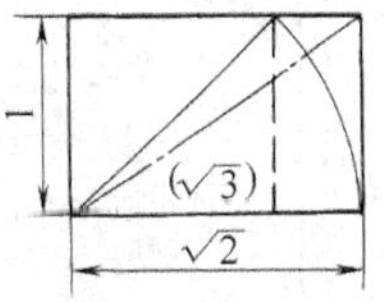	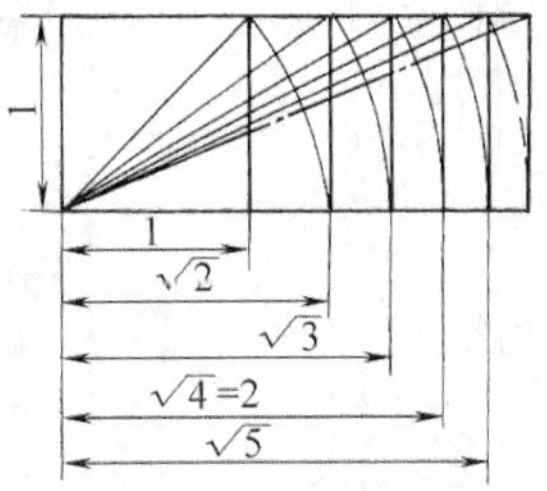
		$\sqrt{A}$ 矩形可连续对分并仍保持相同的比例	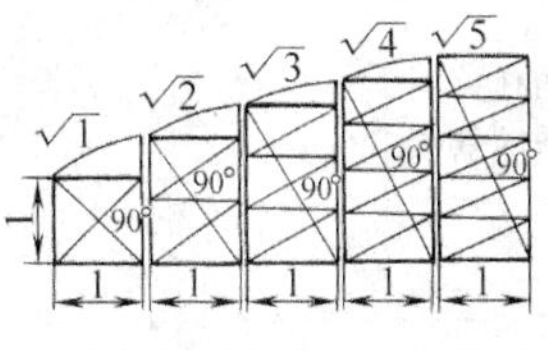	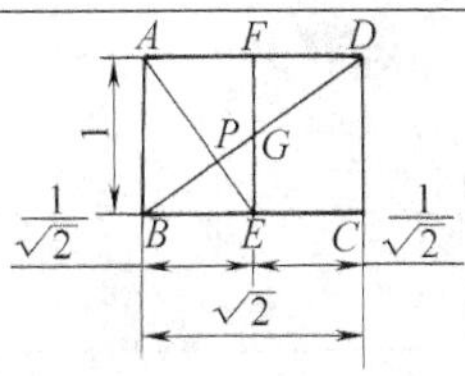

（续）

比例名称	比例数值或系列	比例特征	图形表示	作图方法
均方根比例（直角比例）	$1:\sqrt{2}$，$1:\sqrt{3}$，$1:\sqrt{4}$，…，$1:\sqrt{A}$（A 为正整数） $1:\sqrt{2}=1:1.414$ $1:\sqrt{3}=1:1.732$ $1:\sqrt{4}=1:2$	正方形和均方根矩形系列的依次相加可得到其后的一个均方根矩形，其误差值极小	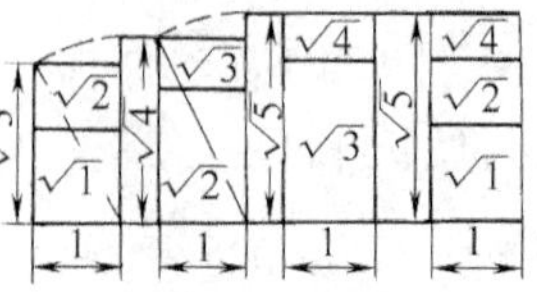	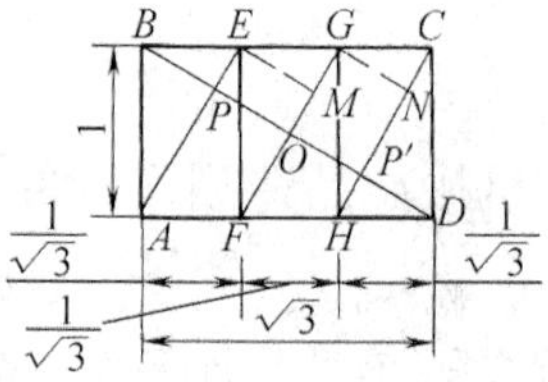
黄金分割比例	$\varphi=1:1.618$。常称 φ 矩形为 1.618 矩形，0.618 矩形称为 φ^{-1} 矩形 由 φ 矩形可派生出 F 矩形，$F=1:1.236$	一直线分成两段，分割后的长段与原直线之比，等于短段与长段之比 $\dfrac{x}{L}=\dfrac{L-x}{x}$ $x\approx0.618L$	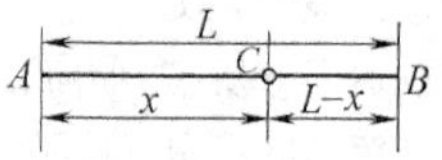	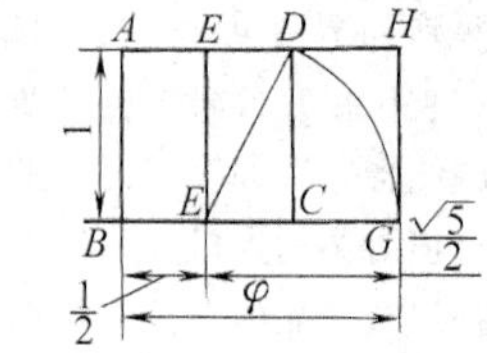
		以 $L=2a$ 代入 $x=\sqrt{5}a-a$（按此式作图）	见作图方法	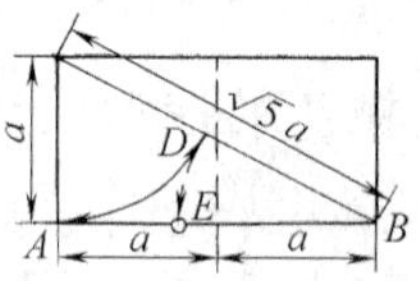
		φ 矩形与正方形（S）、$\sqrt{A}$ 矩形、F 矩形有相互转换关系	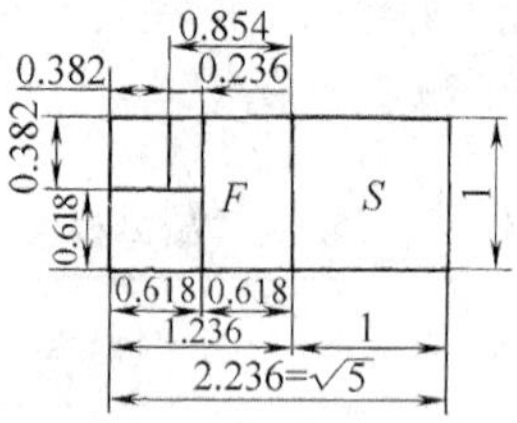	
中间值比例（相加级数比例）	$\dfrac{1}{l_1}=\dfrac{l_1}{l_2}=\dfrac{l_2}{l_3}=\cdots$ $=\dfrac{l_n}{l_{n+1}}$（n 为正整数）也可表示为 $l_1=1.618^1$ $l_2=1.618^2$ $l_3=1.618^3$ $l_4=1.618^4$ ⋮ 化简其比值为 1，2，3，5，8，13，21，…	中间值比例级数中有无穷多个数值变化，但全部统一在两项基本数值（1 和 l_1）的重复之中： $l_2=1+l_1$ $l_3=1+2l_1$ $l_4=2+3l_1$ $l_5=3+5l_1$ $l_6=5+8l_1$ $l_7=8+13l_1$ ⋮ 序列中的任一项为其前两项的数值之和		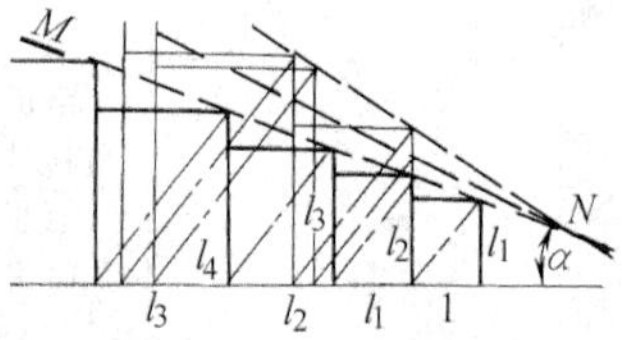 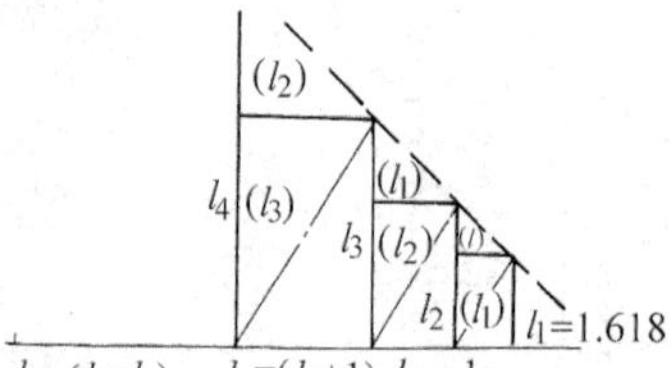

（续）

比例名称	比例数值或系列	比例特征	图形表示	作图方法
模度理论	"红尺"比例系列为…，183，113，70，43，27，17 "蓝尺"比例系列为…，226，140，86，53，33，20	从人体的绝对尺度出发，选定标准人体的下垂手臂高（86cm）、脐高（113cm）、头顶高（183cm）、上伸手臂高（226cm）四个控制点，再分两列，分别插入中间值比例相应数值，形成两套费波纳级数。由此级数系列形成的造型比例，与人的生理构造尺寸密切相关	 蓝尺红尺 单位:cm	
调和数列比例	$\dfrac{M}{1}$，$\dfrac{M}{2}$，$\dfrac{M}{3}$，$\dfrac{M}{4}$，…，$\dfrac{M}{n}$ （M 为任意数，n 为连续的正整数）	以长度 M 作基准，将其以 $\dfrac{1}{2}$、$\dfrac{1}{3}$、$\dfrac{1}{4}$、…分割下去，即得此调和数列	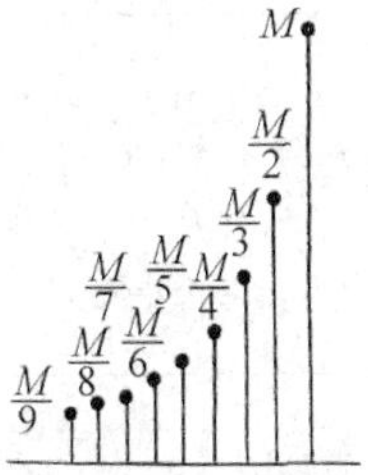	

2.1.2　常用比例的相互转换（特征矩形面的分割）（见表 42.2-2）

表 42.2-2　特征矩形面的分割

特征矩形名称	分割形式	分割作图方法	图示
正方形	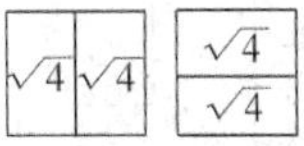 $\sqrt{4}$ $\sqrt{4}$ ／ $\dfrac{\sqrt{4}}{\sqrt{4}}$	过正方形两对角线的交点，作水平与垂直分割线对分正方形，得两个 $\sqrt{4}$ 矩形	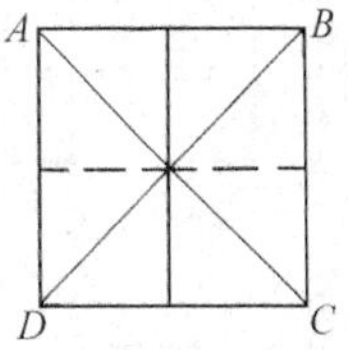
	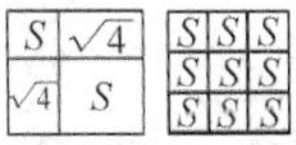 S $\sqrt{4}$ ／ $\sqrt{4}$ S ／ SSS SSS SSS	过正方形对角线与 $\sqrt{4}$ 矩形对角线的交点 O，作水平与垂直分割线，将正方形横、竖边分割为 1：2，并将正方形分割为两个 $\sqrt{4}$ 矩形和两个正方形。同样，求另一交点 O_1，过 O_1 作垂直和水平分割线，则四条分割线将原正方形九等分。分割线均处于上下、左右 1/3 处	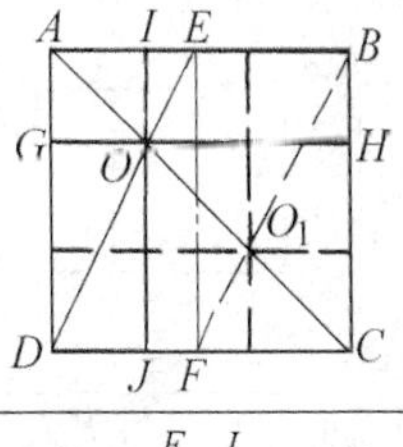
	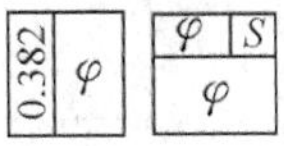 0.382 φ ／ φ S ／ φ	作 $\sqrt{4}$ 矩形对角线 CE，作 $\angle ECB$ 的角平分线 FC，则 FC 与正方形的对角线 BD 交于 O 点，过 O 点作水平分割线 GH，将正方形下部分出 φ 矩形，上边得出 0.382 矩形（转 90° 也可竖用）。过 O 点作垂线 IO，则将 0.382 矩形再分成一个 φ 矩形和一个正方形。若过 F 点作垂直分割线 FJ，则右边得出 φ 矩形，左边为 0.382 矩形	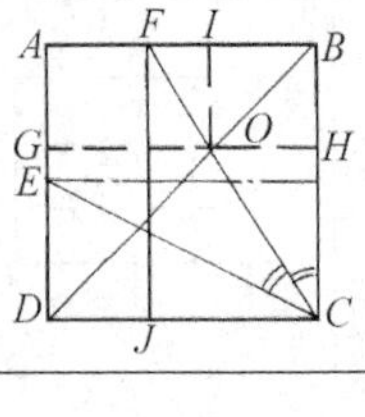

（续）

特征矩形名称	分割形式	分割作图方法	图示
正方形	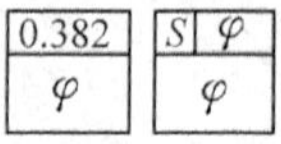 0.382 φ / φ ; S φ / φ	过正方形 BC 边的中点 E，以 BC 为直径画半圆，圆弧与 $\sqrt{4}$ 矩形对角线 ED 相交于 O 点，以 D 点为圆心，DO 为半径画弧，与 AD 相交于 F 点，过 F 点作水平分割线，则下边得出 φ 矩形。又以 A 点为圆心，AF 为半径画弧与 AB 边相交于 H 点，过 H 点作垂直分割线 HO_1，则左边为一个小正方形，右边为一个 φ 矩形	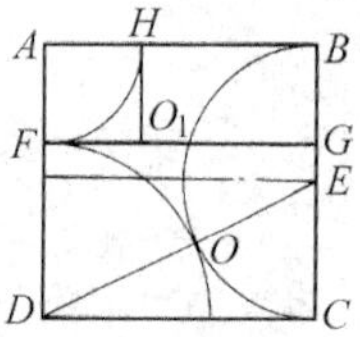
	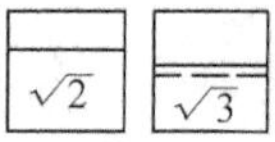 $\sqrt{2}$; $\sqrt{3}$	以正方形 AD 边为半径，D 为圆心画弧，与对角线 BD 相交于 O_1 点，过 O_1 点作水平分割线 EF，则下边得出 $\sqrt{2}$ 矩形。再作 $\sqrt{2}$ 矩形对角线 DF，与圆弧相交于 O_2 点，过 O_2 点作水平分割线 GH，则下边得出 $\sqrt{3}$ 矩形，又作 $\sqrt{3}$ 矩形的对角线 HD，与圆弧相交于 O_3 点，过 O_3 点作水平分割线 IJ，下边得出 $\sqrt{4}$ 矩形，以此类推，可以作出 $\sqrt{5}\sqrt{6}\cdots\sqrt{n}$ 矩形	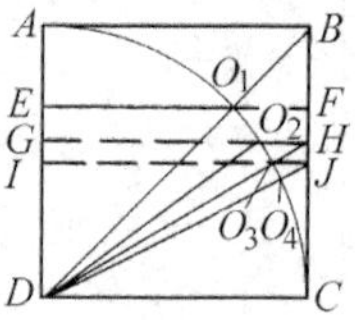
	 $\sqrt{2}$; $S\sqrt{2}S$	先按上图方法在上方求出 $\sqrt{2}$ 矩形，其分割线 GH 与正方形两对角线 BD、AC 相交于 O_1 点、O_2 点，过 O_1、O_2 点作垂直分割线 O_1E、O_2F，下边得出两个小正方形和一个 $\sqrt{2}$ 矩形	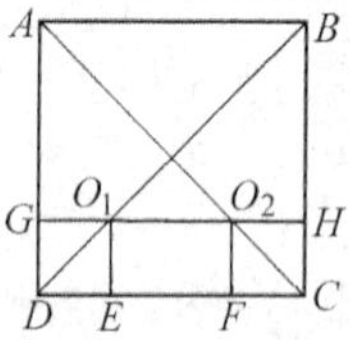
	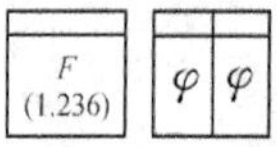 F (1.236) ; φ φ	过 AD 边的中点 E 作 $\sqrt{4}$ 矩形对角线 EC，作 $\angle ECB$ 的角平分线 FC，FC 与正方形左右对分线 GH 相交于 O 点，过 O 点作水平分割线 IJ，则下边得出 1.236 矩形（即 F 矩形），对分线 GH 将 F 矩形对分成两个 φ 矩形	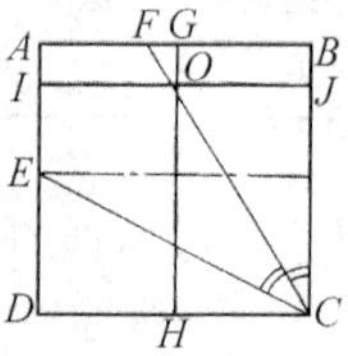
$\sqrt{2}$ 矩形	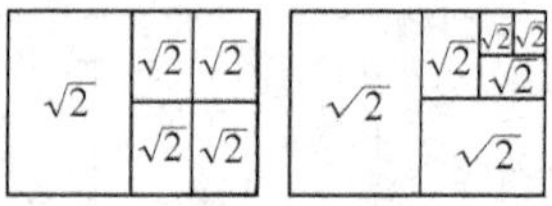 $\sqrt{2}$ / $\sqrt{2}$ $\sqrt{2}$ / $\sqrt{2}$ $\sqrt{2}$; $\sqrt{2}$ / $\sqrt{2}$ $\frac{\sqrt{2}}{\sqrt{2}}$ / $\sqrt{2}$	由 A 点向 $\sqrt{2}$ 矩形对角线 DB 引垂线与长边 DC 相交于 E 点，以 E 点为分割点作垂直分割线 EF，则分原 $\sqrt{2}$ 矩形为两个相等的 $\sqrt{2}$ 矩形。分割线 EF 与对角线 DB 相交于 O 点，过 O 点作水平分割线 OG，将竖 $\sqrt{2}$ 矩形又分为两个相等的 $\sqrt{2}$ 矩形。同理，过 F 点作 DB 的垂线与 OG 相交于 H 点，过 H 点作垂直分割线又对分 $FBGO$ 矩形……，按此可继续分割出竖横相接的 $\sqrt{2}$ 矩形，形成一种"动态均衡"的渐变分割	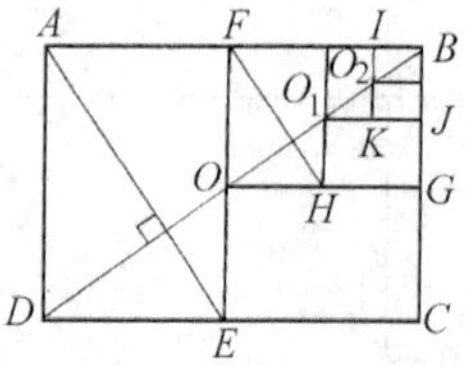
	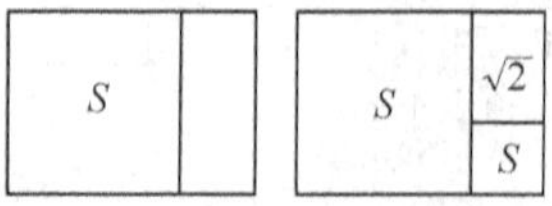 S ; S $\frac{\sqrt{2}}{S}$	以 $\sqrt{2}$ 矩形短边 AD 为半径画圆弧，与 DC 相交于 E 点，过 E 点作垂直分割线 EF，则左边可得一正方形。过 C 点作 AE 的平行线，与 EF 相交于 H 点，过 H 点作水平分割线 HG，将右边分割为一小正方形和 $\sqrt{2}$ 矩形	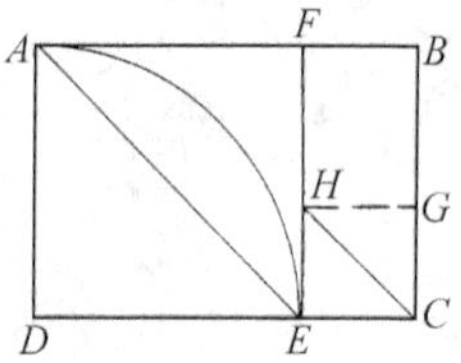
	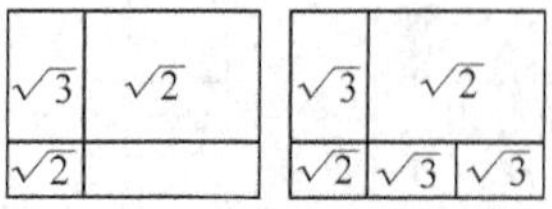 $\sqrt{3}$ $\sqrt{2}$ / $\sqrt{2}$; $\sqrt{3}$ $\sqrt{2}$ / $\sqrt{2}$ $\sqrt{3}$ $\sqrt{3}$	以 $\sqrt{2}$ 矩形短边 CB 为半径画圆弧与 DC 边相交于 E 点，过 E 点作垂直分割线 FE，它与原 $\sqrt{2}$ 矩形的对角线 BD 相交于 O 点，过 O 点作水平分割线 GH，再将 OH 对分，过中点 O_1 作垂直分割线，则将原 $\sqrt{2}$ 矩形分割成两个 $\sqrt{2}$ 矩形和三个 $\sqrt{3}$ 矩形	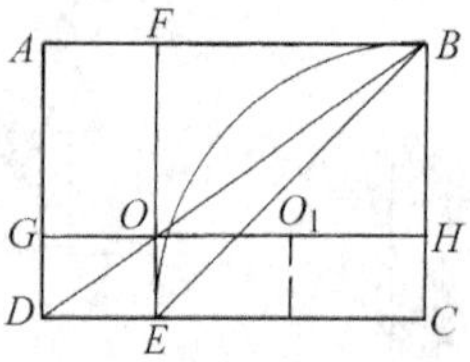

（续）

特征矩形名称	分割形式	分割作图方法	图示
$\sqrt{2}$ 矩形	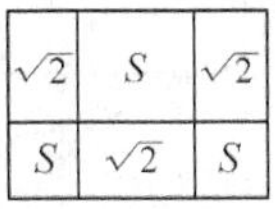	过 D 点作直角 $\angle ADC$ 的角平分线 DE，与 AB 相交于 E 点，过 B 点再作直角 $\angle ABC$ 的角平分线 BF 与 DC 边相交于 F 点，过 E 点和 F 点各作垂直分割线 EG 和 FJ，FJ 与直角平分线 DE 的交点为 O，过 O 点作水平分割线 IH，则分割线 JF、EG 和 IH 将原 $\sqrt{2}$ 矩形分割为对角相错的三个小正方形和三个小 $\sqrt{2}$ 矩形	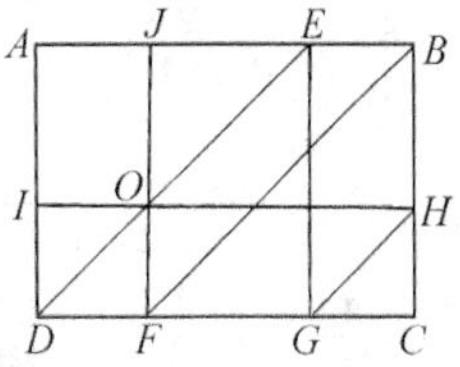
	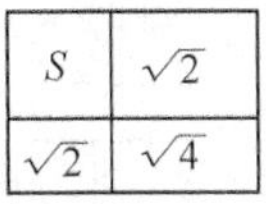 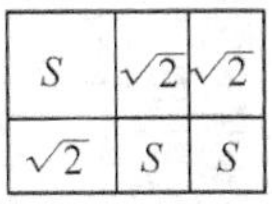	作直角 $\angle BAD$ 的角平分线 AE，与 $\sqrt{2}$ 矩形对角线 DB 相交于 O 点，过 O 点作垂直与水平的十字分割线 GH 和 IJ，则将原 $\sqrt{2}$ 矩形分割为两个 $\sqrt{2}$ 矩形，一个正方形和一个 $\sqrt{4}$ 矩形。如果过 E 点再作垂直分割线 EF，将右边所得的 $\sqrt{2}$ 矩形对分为两个 $\sqrt{2}$ 矩形，$\sqrt{4}$ 矩形对分为两个小正方形	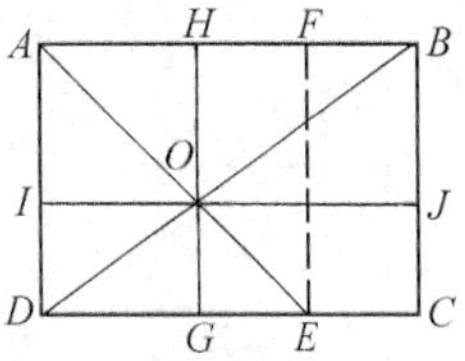
φ 矩形	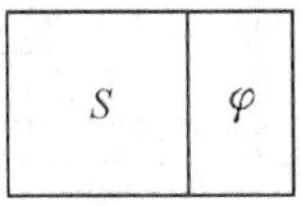	以正方形 AEFD 的对分 $\sqrt{4}$ 矩形对角线 GE 为半径画圆弧，与 DF 的延长线相交于 C 点，过 C 点作垂线与 AE 延长线相交于 B 点，则得 φ 矩形 ABCD。φ 矩形内部包含一个正方形和一个竖 φ 矩形	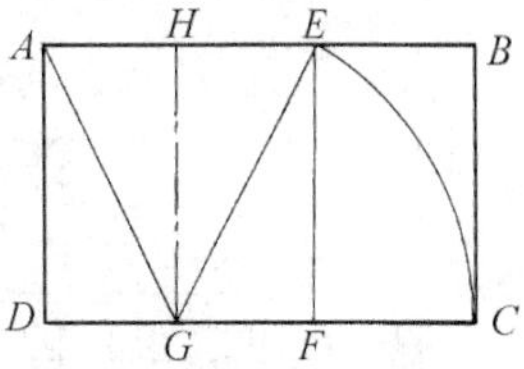
	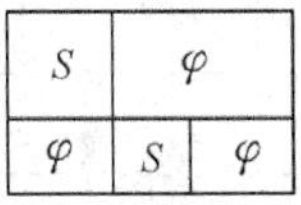	作 φ 矩形直角 $\angle BAD$ 的角平分线 AE，与 φ 矩形对角线 DB 相交于 O 点，过 O 点作垂直及水平分割线 HG 和 IJ，再过 E 点作垂直分割线 EF，则将原 φ 矩形分割为三个新的 φ 矩形和两个正方形	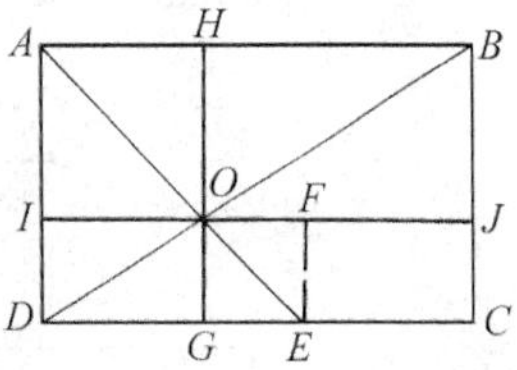
	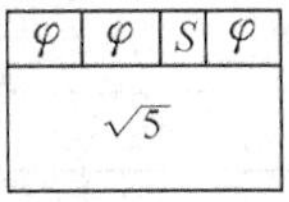 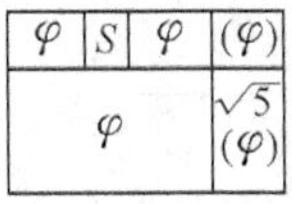	作 φ 矩形对角线 DB，过 C 点作对角线 DB 的垂线 CE 与 DB 相交于 O 点，过 O 点作水平分割线 HI，则下边得 $\sqrt{5}$ 矩形。过 O 点作垂直分割线，则右边得 $\sqrt{5}$ 矩形（矩形 FBCG）。若过 O 点同时作垂直、水平分割线，并再将 AFOH 矩形分割为两个 φ 矩形和一个正方形，则原 φ 矩形可分割为五个 φ 矩形和一个正方形	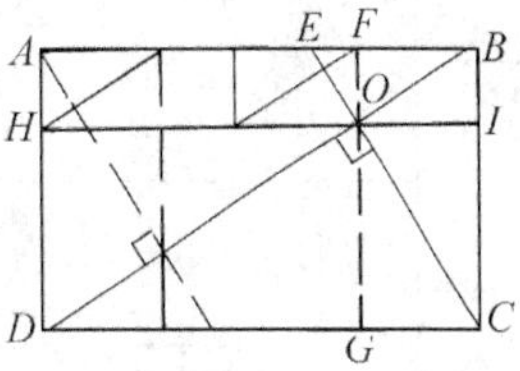
	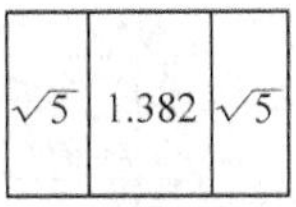 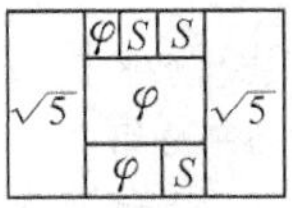	过 φ 矩形 A 点和 C 点，分别作对角线 BD 的垂线 AE 和 CF，与 BD 分别交于 O_1 及 O_2 点，过 O_1、O_2 点作垂直分割线 GH 和 IJ，则将原矩形左、右分割出两个 $\sqrt{5}$ 矩形，中间获得 1.382 矩形。若过 O_1 和 O_2 点再作水平分割线 O_1M 和 O_2K，则又将 1.382 矩形分割为三个矩形，中间得 φ 矩形。再过 E 或 F 点作垂直分割线，则上下两矩形又可再分割出 φ 矩形和正方形	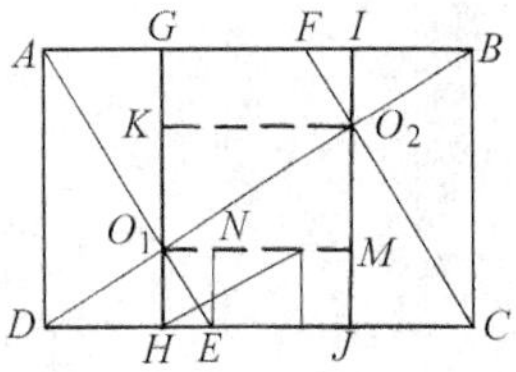

（续）

特征矩形名称	分割形式	分割作图方法	图示
φ 矩形	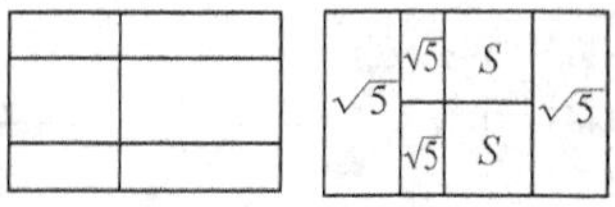	过 φ 矩形 A 点和 C 点,分别作对角线 BD 的垂线,得交点 O_1、O_2,AO_1 与 DC 交于 E 点过 O_1 和 O_2 点分别作水平分割线 NP 和 KM,再过 E 点作垂直分割线与 NP、KM 相交于 R 和 Q 点,在右侧中部形成的 $QMPR$ 矩形为 1.382 矩形。如过 O_1 与 O_2 点作垂直分割线(虚线),中间得 $GIJH$ 矩形也为 1.382 矩形。再过 φ 矩形两对角线的交点 O 作水平分割线,与过 I 作 $\angle JIG$ 的角平分线相交于 T 点,过 T 点再作垂直分割线,则将中部 1.382 矩形分割为上下两个正方形和两个 $\sqrt{5}$ 矩形	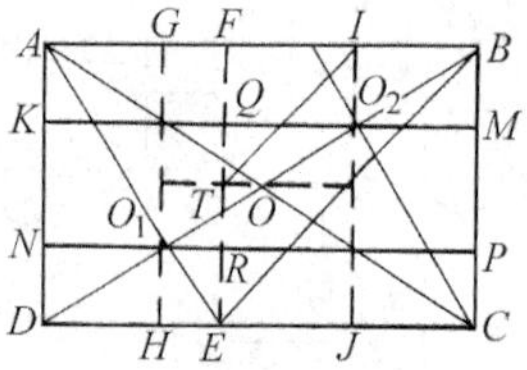
F 矩形	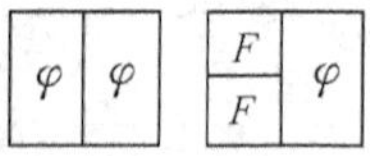	过 F 矩形的两对角线 AC 与 BD 的交点 O 作垂直分割线 EF,将 F 矩形分为两个 φ 矩形,再作水平分割线 OG,则将 φ 矩形分割为两个 F 矩形	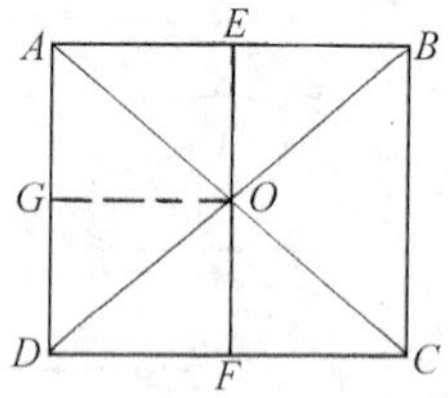
	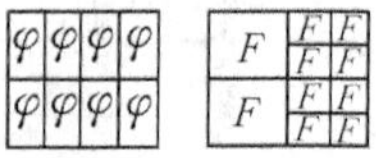	过 F 矩形对角线的交点 O_1 作垂直与水平分割线 EF 和 GH,再过右边的 φ 矩形 $EBCF$ 的两对角线的交点 O_2 作垂直分割线 IJ,左边同样,则将原 F 矩形分割为八个 φ 矩形。再将 φ 矩形上下对分,则可将原 F 矩形分为 16 个相等的小 F 矩形	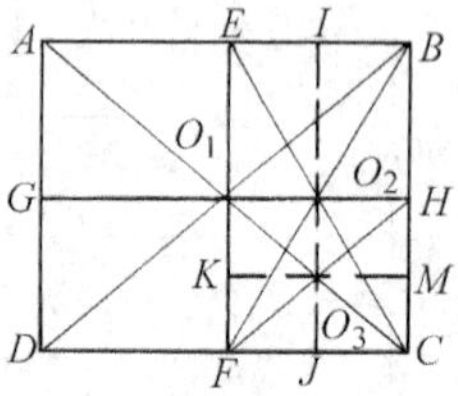
	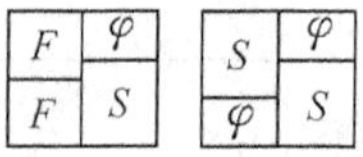	作 F 矩形直角 $\angle BCF$ 的角平分线 CK,与 F 矩形的竖直平分线 EF 相交于 O_1 点,过 O_1 点作水平分割线 O_1G,则右边的 φ 矩形被分割为一个 φ 矩形和一个正方形。同理,作 $\angle BAD$ 的角平分线,与 EF 相交于 O_2 点,过 O_2 点作水平分割线 O_2I,把左边 φ 矩形同样分割为一个正方形和一个 φ 矩形	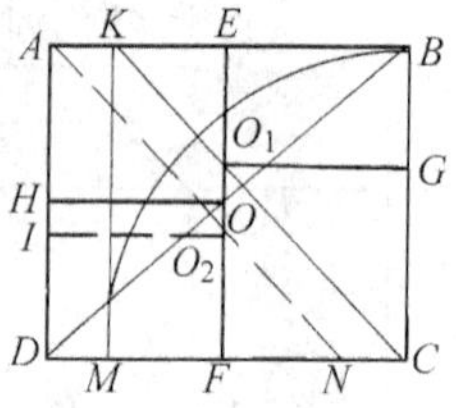
	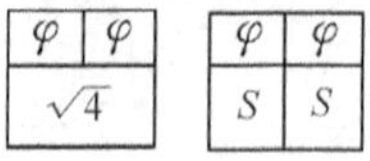	作 F 矩形直角 $\angle BCD$ 的角平分线 CE,与 F 矩形竖直平分线 HG 相交于 O 点,过 O 点作水平分割线 IJ,则 HG 和 IJ 将 F 矩形分割为两个 φ 矩形和两个正方形	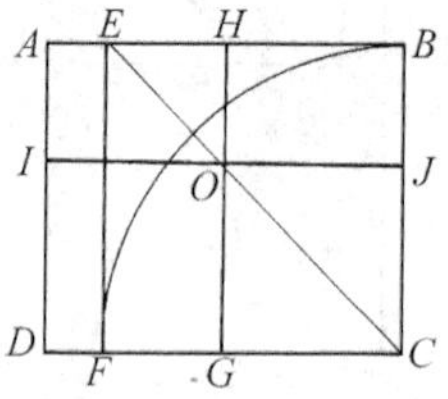
	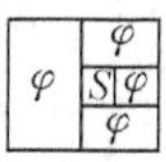	通过前图示方法求得的 O 点和 O_1 点作水平分割线 OM 和 O_1K,同时,$\angle BCD$ 的角平分线 CE 与 O_1K 相交于 O_2 点,过 O_2 点再作垂线 O_2I,则分割线 OM、O_1K、O_2I 将右边的 φ 矩形分割为三个 φ 矩形和一个小正方形	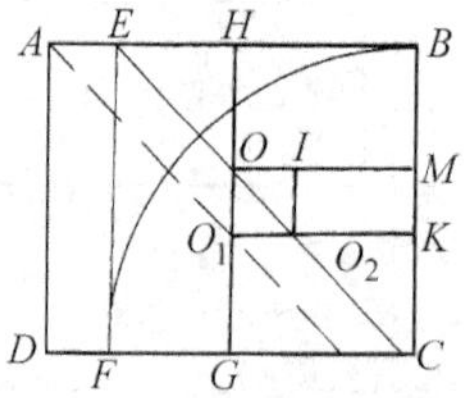

（续）

特征矩形名称	分割形式	分割作图方法	图示
F 矩形	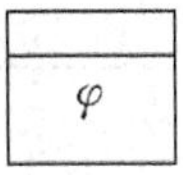 φ	以 F 矩形短边 BC 为半径，C 点为圆心画弧，与 CD 相交于 E 点，连接 BE 与 F 矩形竖直平分线 HG 相交于 O 点，由 C 点过 O 作直线，延长与 AD 相交于 I 点，过 I 点作水平分割线 IJ，则 IJ 分割原 F 矩形下部得 φ 矩形	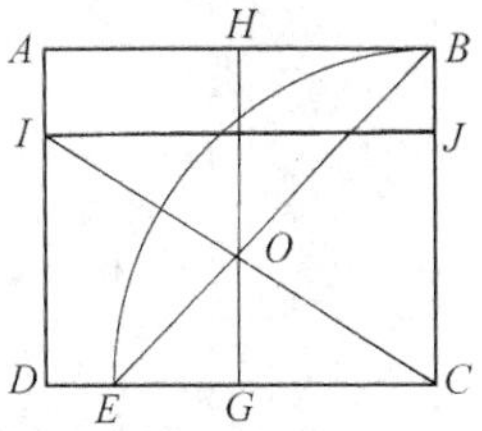
	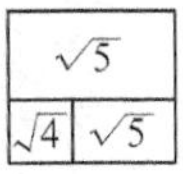 $\sqrt{5}$ / $\sqrt{4}$ $\sqrt{5}$	以 F 矩形短边 BC 为半径，C 点为圆心画弧与 CD 相交于 E 点，连接 BE 与 F 矩形对角线 AC 相交于 O 点，过 O 点作水平分割线 GH。又过 E 点作垂线 FE，与 GH 相交于 O_1 点，则分割线 GH、O_1E 将原 F 矩形分割为两个 $\sqrt{5}$ 矩形和一个 $\sqrt{4}$ 矩形	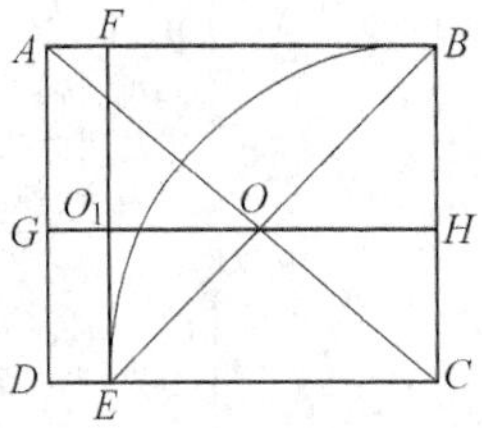
	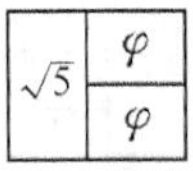 $\sqrt{5}$ / φ / φ	以 F 矩形短边 BC 为半径，B 点为圆心作圆弧与 AB 相交于 E 点，连接 EC 与左边 φ 矩形的对角线 DH 相交于 O 点，过 O 点作水平线 FI，得 φ 矩形 FICD，作 φ 矩形对角线 FC 与 F 矩形的水平平分线 MN 相交于 O_1 点，过 O_1 点作垂直分割线，再过 O_1 点作水平分割线 O_1N，则左边得 $\sqrt{5}$ 矩形，右边得到上下对等的两个 φ 矩形	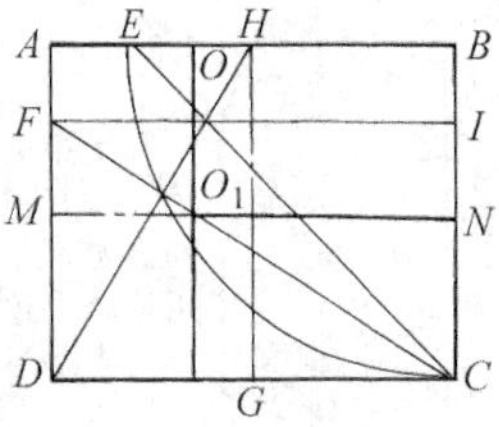
	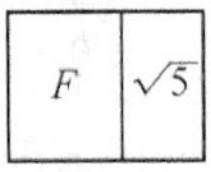 F / $\sqrt{5}$	过 D 点作 F 矩形对角线 AC 的垂线 DE，过 E 点作垂直分割线 EF，则将原 F 矩形分割为一个竖的 F 矩形和一个 $\sqrt{5}$ 矩形	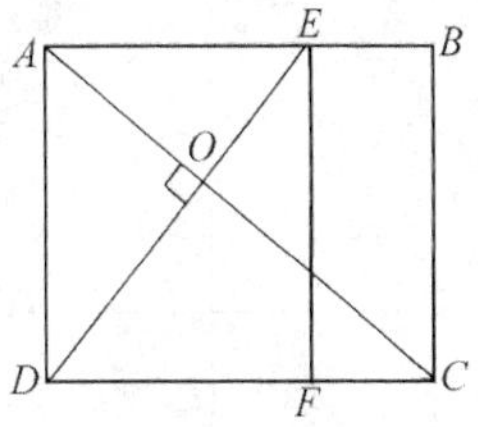
	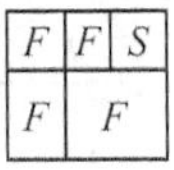 F F S / F F	过 D 点作 F 矩形对角线 AC 的垂线 DE，与 AC 相交于 O 点，过 O 点作垂直与水平分割线 HG 和 IJ。过 E 点再作垂直分割线 EF，则 HG、IJ 和 EF 将原矩形分割为纵横相对的四个 F 矩形和一个正方形	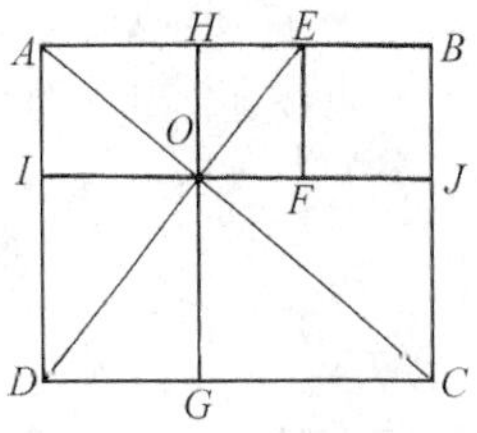

2.1.3　比例设计方法

比例设计是依据形态比例协调的基本规律，合理协调产品功能、结构、技术要求和宜人性等方面的尺寸要求，使得产品形体各部分之间，以及部分与整体之间的尺寸协调、匀称的设计方法。造型比例设计原理及方法见表 42.2-3。

2.2　机器形态的均衡与稳定

2.2.1　定义

1）均衡。指造型物各部分呈现的前后左右的轻重关系，需获得平衡的视觉感。

表 42.2-3　造型比例设计原理及方法

性质	设计原理名称	方法	特征	应用举例
固定比例因子构成	尺寸相似原理	选定产品某一关键尺寸（总体轮廓尺寸或关键部件的某一外廓尺寸）为基础,进行多次的黄金分割,求得与该尺寸具有同一比率的一系列尺寸 M_1、M_2、M_3、…、M_n,以这些尺寸为基础,按产品结构关系初定的尺寸来选取上述尺寸的组合,使之较为接近	这样确定的尺寸既满足结构尺寸的要求,又因每一尺寸含有相同的比例因子,因而使产品各尺寸的比例相似,取得协调	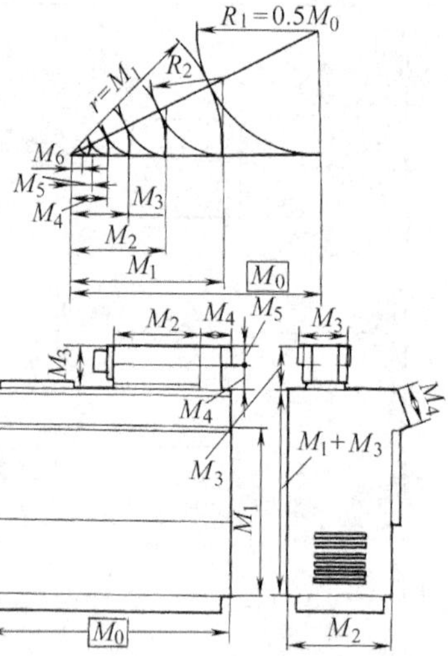
	相似从属原理	利用矩形对角线平行或垂直时其矩形必然具有相同而协调的比例关系,采用符合上述关系的不同大小的矩形组合来构成产品的形体 矩形的比例值按产品上某一关键部件的结构尺寸允许的特征比例或按造型者的比例爱好来确定	一方面采用照顾产品部分和整体的结构参数所需的尺寸关系,另一方面又按其形体所包含的矩形间都具有相同比例的特征组合构成形体,并应用作图方法来确定。这种比例设计方法较为快速和方便,也易获得比例协调的造型效果	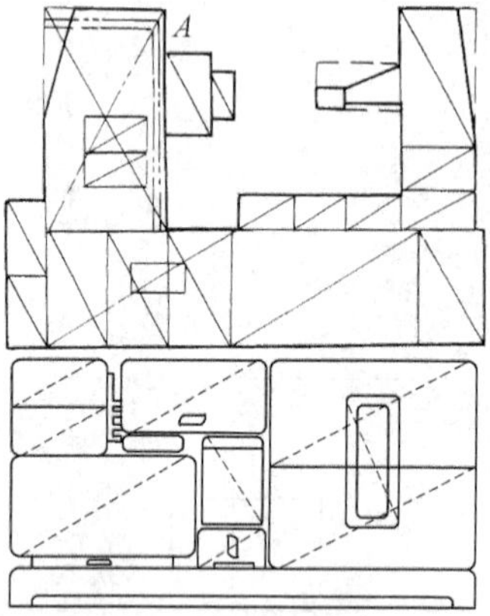
	相似划分原理	依据特征矩形可进行内部相似划分的特点,使产品各局部和整体之间的比例关系统一,局部比例从属于整体比例	采用不同比例形式内部划分的方式,应用作图方法,比较方便地取得产品整体比例或局部形体与结构分划的细部比例的协调	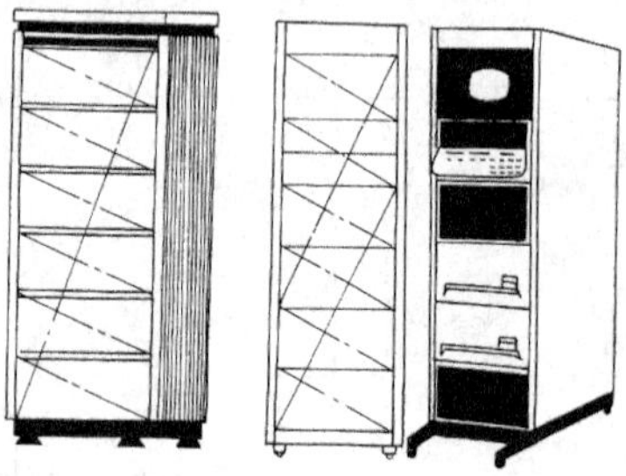
混合比例因子构成	相似混合原理	既采用相似从属因素,又采用相似划分因素来确定产品整体与局部的比例（方法同前）	此法使产品比例构成的形体配合较为多样化,同时适宜内部结构分划的不同要求,比例既协调又不过于死板	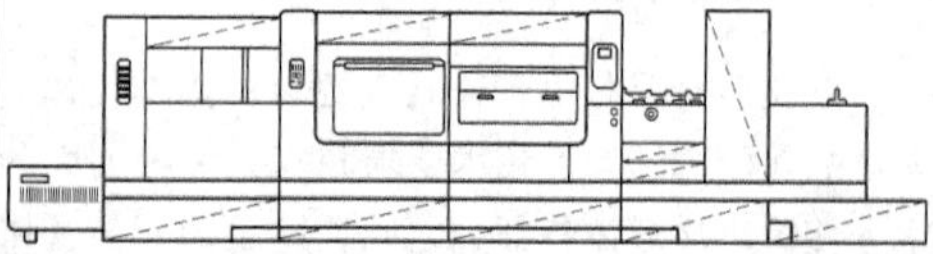

（续）

性质	设计原理名称	方法	特征	应用举例
混合比例因子构成	综合比例原理	依据特征矩形内部可进行分割和相互转换的关系,但仍保持各部分为特征矩形的性质,采用作图方法确定整体与局部之间的形体比例	此法确定的各部分之间或与整体之间不为统一的比率,但它们之间具有互换的比例关系,又能保持特征矩形的性质,既使造型比例协调,又使造型形体和结构间比例活跃、变化丰富	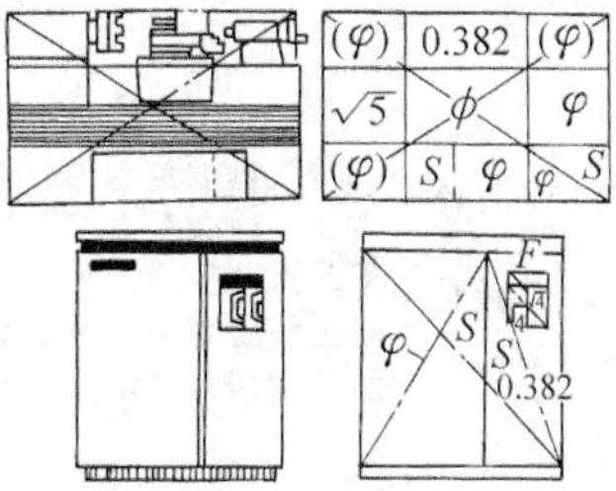

2）稳定。指造型物形体呈现的上下轻重关系,需获得视觉上的稳定感。

3）体量。指形体各部分在视觉上呈现的相互间的分量关系。

4）实际稳定。指产品实际质量的重心符合稳定条件所达到的稳定。

5）视觉稳定。以产品形体的外部体量关系来衡定是否满足视觉上的稳定感。

2.2.2 获得均衡稳定的方法（见表42.2-4）

表 42.2-4 获得均衡稳定的方法

类型及方法		含义与作用	图例
获得造型形态均衡的方法	体量完全对称法	以机器支承底面的中轴面为基准,使左右两面的体量完全对称的布局,产生最强的均衡感。造型感觉庄重,但单调、呆板	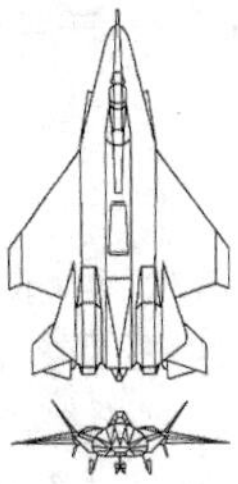
	体量矩平衡法（非对称均衡法）	以机器主视面的形体支承底面的中点为假想的对称轴线,左右各部分形体以单元体量的多少对其中轴线取矩,力臂为该部分形体的重心到中轴线的垂直距离;然后,粗略地估计左边的体量矩之和略等于右边的体量矩之和。这样的体量组合大致趋于均衡	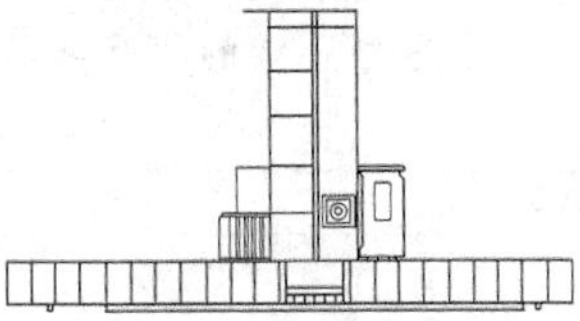
	外部图形、色彩均衡法	在机器的形体体量取得均衡之后,其外部的图形、色彩等还具有一定的视觉重量感。应依据体量平衡法则,在附有图形或色彩等视觉重量感较重的对称轴线对方,采取增加图形、色彩、形体等可行的方式增加视觉重量感来取得均衡	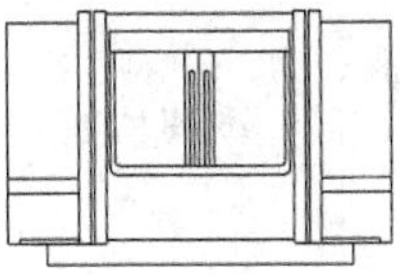
获得造型形态稳定的方法	梯形造型法	使造型物的体量关系由底部较大逐渐向上递减缩小,使重心降低而获得稳定的视觉感。此法可丰富造型的线型变化,产生向上、雄伟、安祥及自然的视觉效果	
	附加或扩大形体支承面法	为增强造型形态的稳定感,在支承部分附加或扩大形体的支承面积,这样除可增加实际的稳定度外,从视觉的心理感觉上也增强了整个形体的视觉稳定感	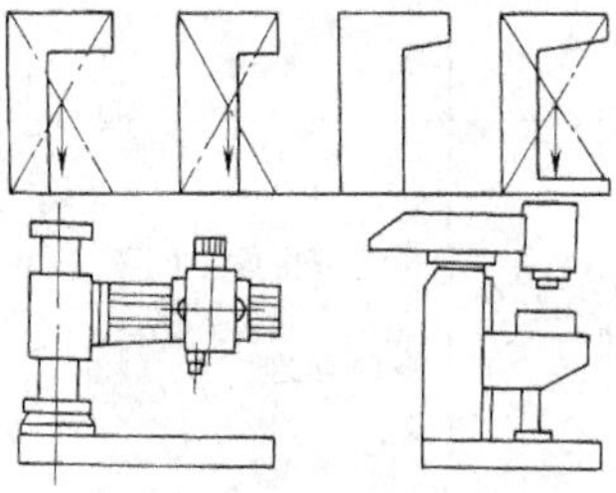

（续）

类型及方法		含义与作用	图例
获得造型形态稳定的方法	利用表面涂装色彩或材质感的方法增加视觉稳定感法	当机器的造型形体实际是稳定的但视觉稳定较差时，会造成不稳定的倾倒感觉，可在下部涂装重量感强的色彩或利用表面材质的光亮轻盈与粗糙厚重的对比关系增加下部重量感来增强稳定感	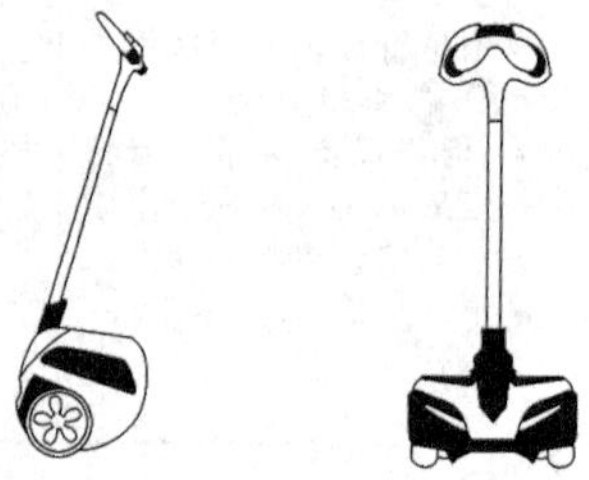
	利用表面装饰手段增强稳定感法	当产品的视觉稳定较差时，可采用合理安置装饰标牌或其他装饰件的方法，以加强下部形和色的重量感，从而增加稳定度	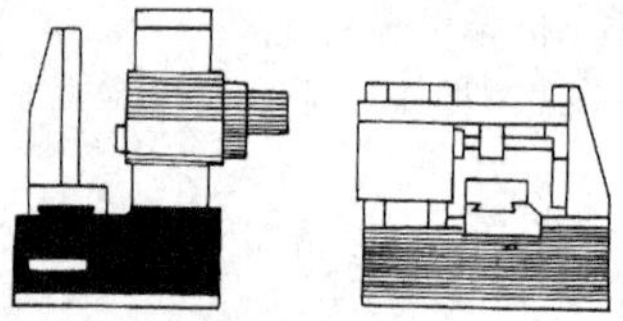

2.3　机器形态的统一与变化

2.3.1　定义

1）统一。造型的统一是指造型要素表现的一致性、条理性及调和的美感要求。

2）变化。造型的变化是指造型要素表现的差异性，使之达到活跃生动、富有情趣的美感要求。

3）调和。指造型要素的相互和谐、突出共性，取得完整协调的效果。

4）韵律。指造型要素按一种周期性的律动，有规律地重复、有组织地变化的现象。

5）呼应。指在同一造型物的不同部位，运用相同或相近的造型要素造成彼此和谐的效果。

6）对比。指造型中突出地表现某两部分的差异程度，造成彼此作用、互相衬托。

2.3.2　造型整体统一的方法（见表 42.2-5)

表 42.2-5　造型整体统一的方法

类型与方法		含义与作用	图例
调和统一	比例尺寸的调和	应用比例设计方法使造型形体各部分之间的比例相互协调	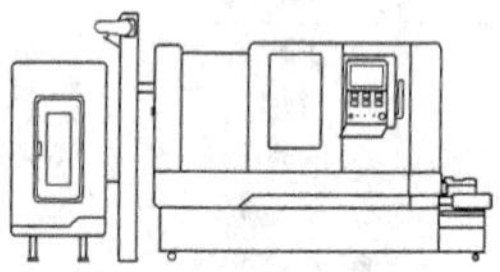
	线型风格的调和	构成造型形体大轮廓的几何线型要大体一致，以达到线型风格协调统一	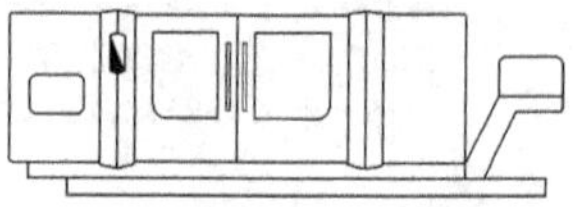
	零件、辅件的调和	造型主体上的零、辅件的线型风格应尽量与主体线型风格一致，使整体与局部的造型格调协调	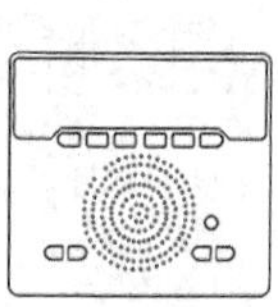

（续）

类型与方法		含义与作用	图例
调和统一	系统线型风格的调和	当产品由两个以上的独立部件构成时,构成该系统的各独立部件的线型风格也应大致统一,这样才能显示系统造型的内在联系,产生既有变化又有协调统一的整体感	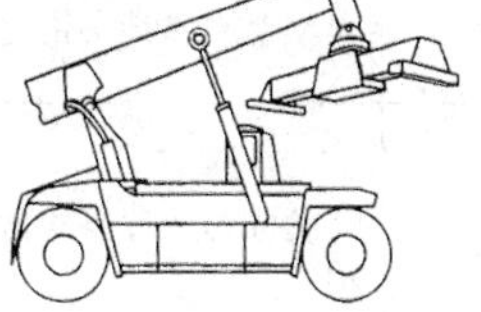
	结构线型的调和	造型体零部件连接所构成的线型除应与主体造型的线型风格调和之外,还应将这些结构线型按形体与结构关系尽可能地简化、规整,做到均齐一致,从而实现大方、简洁、明快,产生统一协调的美感	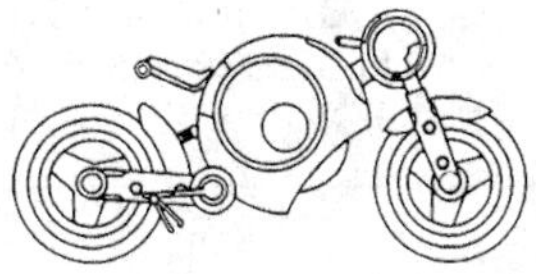
	结构分隔与联系的调和	产品因功能或其他原因的需要,将整体划分成若干局部或将若干局部组合成一个整体。这种结构上的分隔与联系既起加强造型变化的作用,又使局部与整体之间形成一定的联系。分隔能打破单调的局面,联系能加强形体之间的律动感。分隔与联系可运用线条、体面转折、色彩和装饰条等方法实现	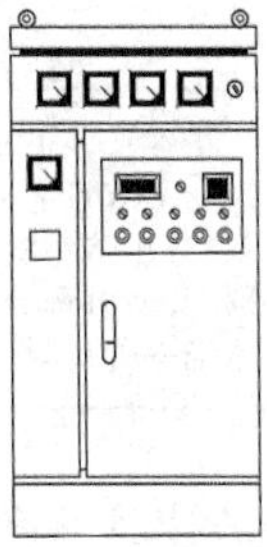
	色彩的调和	产品的色彩也应整体协调统一,不宜过分单调,也不宜过分艳丽夺目与零乱。一般采用大面积低纯度的色彩统一全局,再选用小面积的高纯度色彩使之活跃变化,采用中性色来联系过渡,以达到调和的目的	参见本篇第2章4.5节(色彩配置的方法与效果)
韵律统一(应用的韵律形式)	连续韵律	一种或几种造型要素连续重复的排列而产生的一种韵律,有简单与复杂之分	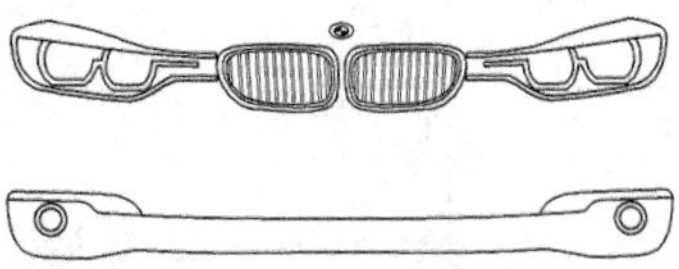
	渐变韵律	连续重复的造型要素在某一方面做有规则的逐渐增减所产生的韵律。渐变因素也有繁简之分,表面形式有线型、体积、色彩和质感等	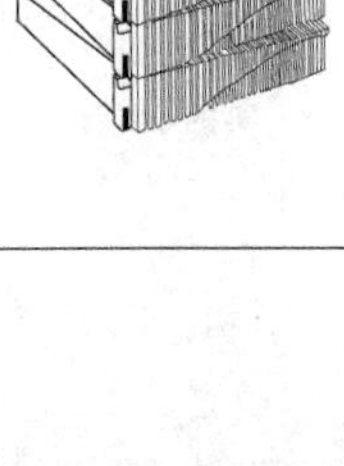

（续）

类型与方法		含义与作用	图例
韵律统一（应用的韵律形式）	交错韵律	重复的造型要素，按纵横两个方向或多方向进行穿插或交错而产生的一种韵律。有简单交错与复杂交错之分	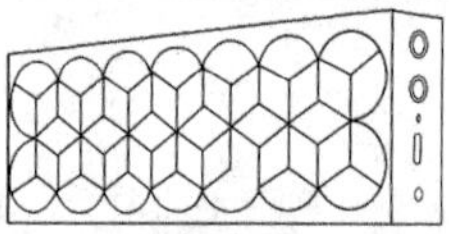
	起伏韵律	组成的造型要素做有规律的增减而产生的韵律	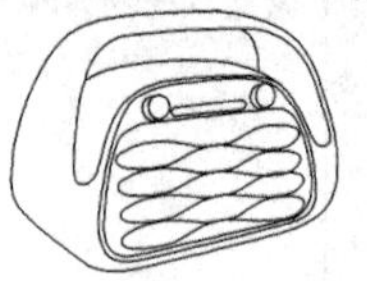
呼应统一		指在造型物的不同形体部件、组件或面饰上运用相同或相近似的细部处理，以取得它们之间在线型、大小、色彩及质感等方面艺术效果的一致性，形成相互呼应的协调效果	
过渡统一		指在造型物的两个不同形状、色彩之间采用一种既有联系又逐渐演变的形式，使它们之间互相协调，从而达到整体造型统一完美的效果	
主从统一		指在产品的造型设计中恰当处理一些既有区别又有联系的各组成部分之间的主从关系，突出造型的核心与中心部分，使其主从有别，又使各部分互相衬托，融为一体，得到完整统一的效果	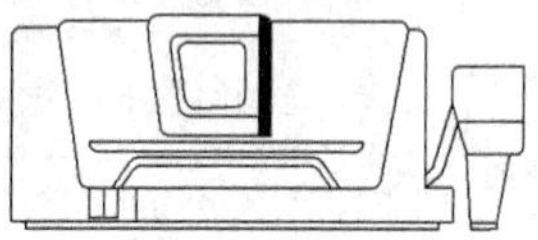

2.3.3 造型统一中求变化的方法（见表42.2-6）

表42.2-6 造型统一中求变化的方法

类型与方法			含义与作用	图例
对比方法	形状对比	线型对比	指造型物外部形体轮廓的线型对比关系，如常运用自然曲线与直线的对比，"方中见圆，圆中见方""柔中有刚，刚中有柔"的处理方法以丰富线型变化，避免过分统一而产生的单调感觉，使造型形态自如、亲切、生动美观	
		方向对比	造型中常运用垂直和水平方向的立面或线条来构成对比关系，使造型立面有所变化，达到自然、大方和生动的视觉感	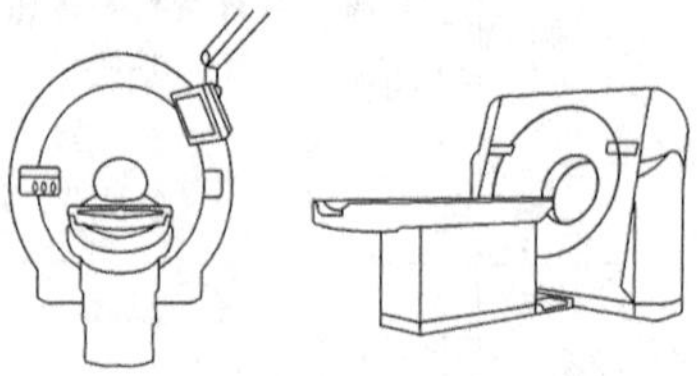
		体量对比	利用体量大小、方向和凸凹等构成因素，造成相似的几何形体之间体量的对比，以增强形体变化，造成活跃、自然、重点突出及虚、实的空间感	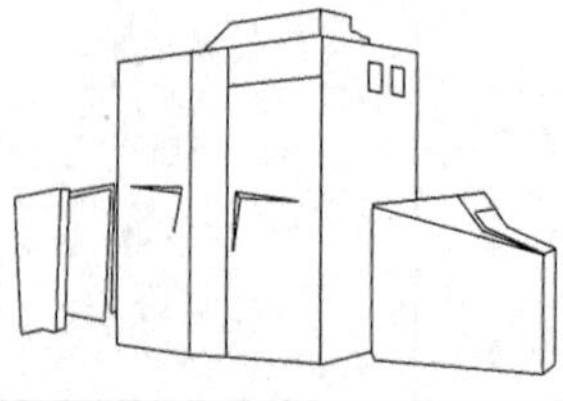

（续）

类型与方法		含义与作用	图例
对 比 方 法	排列对比	利用线、形、体、色和质等造型元素，在造型平面或空间的排列关系上形成繁简、疏密、虚实和高低的排列变化，达到变化协调、自然生动的视觉效果	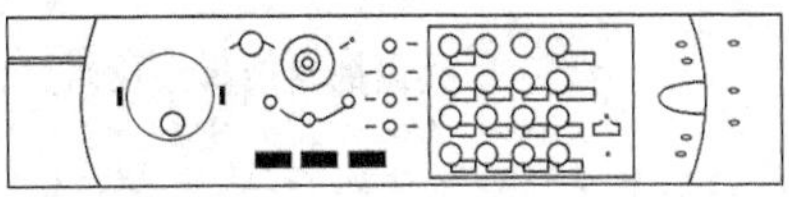
	色彩对比	利用色彩的浓淡、明暗、冷暖和轻重等对比关系可丰富造型变化，突出重点，赋予造型以新颖、悦目和明朗的视觉效果	参见本篇第 2 章 4.5 节（色彩配置的方法与效果）
	材质对比	利用表面材料与加工工艺的不同，形成材质光洁与粗犷、有纹理与无纹理、坚硬与松软等的对比关系，可加强造型物的稳定感，突出主从和虚实关系，丰富表面的质感和色光效果变化，使造型获得更好的艺术效果	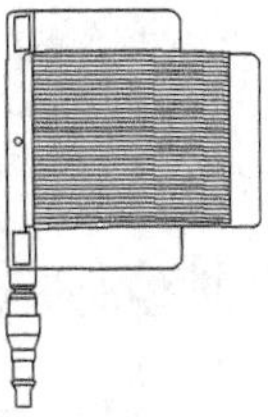
节奏变化方法		运用韵律的变化重复进行有组织、有规律的造型，用线型、形体、体量、色彩和材质等造型要素进行有规律的艺术处理，使得造型物既在变化中显出相同或近似的谐调成分，又在统一协调的成分中表现出不同的变化，使造型生动、自然而大方	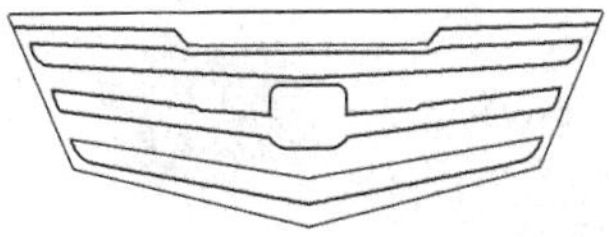
重点突出方法		造型中对体量、形状、线型、色彩、材质和装饰等方面的处理，采取主从分清、轻重有别的造型手法，使造型重点突出、生动活泼，重要部分产生强力的视觉吸引力	

3　机械产品造型的构成手法

3.1　定义

1）构成。指按照一定的形态组成原则和规律将造型的形态要素组合成美的造型形体。

2）形态要素。构成形态的基本元素。造型中的形态要素是点、线、面和体，再由各种体按不同方式构成或演变即产生多种多样的"形态"。

3）形式心理。由不同图形或形态所表现的外观样式使人心理上产生的感觉。

4）错视。又称视错觉，是人们认识物体外部特征的一种视觉现象，在受到不同环境因素的干扰和人自身心理状态的影响下，对部分形体的视觉感往往产生"错觉"，这种错觉是正常人具有的普遍和共同的生理、心理特征。

3.2　造型的形态要素及其形式心理（见表42.2-7）

表 42.2-7　造型的形态要素及其形式心理

构成要素	性质	造型的形式心理	图例
点	点表示位置所在。造型中的点有大小的区别，但没有固定的形状，可为多种状态的自然形状。点的移动轨迹即为线	点具有高度集中的感觉，造型中利用大面与点之间的对比作用，极易起到引导视线形成视焦点的作用，使之醒目、突出	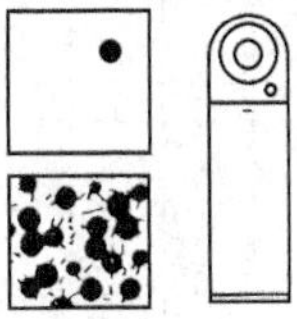

（续）

构成要素			性质	造型的形式心理	图例
线	直线	定义	点的移动轨迹或两面相交的部分即为线。造型中的线有粗细之分,线有一定的方位,不同运动方位的点移动形成不同性质的线	直线具有硬直、明晰和单纯的心理效果,粗直线具有强力、钝重和粗笨的感觉,而细直线具有神经质、锐敏及尖锐的感觉	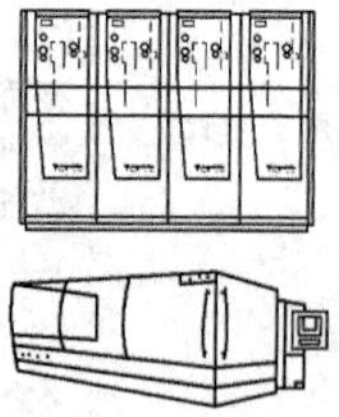
		水平线	平行于水平面的直线,为一切线的基准线	在造型中给人以起始、平静、稳定和统一的感觉,并具有平稳的流动感	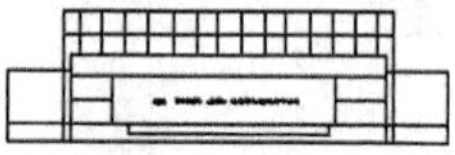
		垂线	垂直于水平线的直线	在造型中给人以庄重、严肃、坚固、沉重和挺拔向上的视觉感,常用以表现造型的刚直、挺拔有力及高大庄重的艺术效果	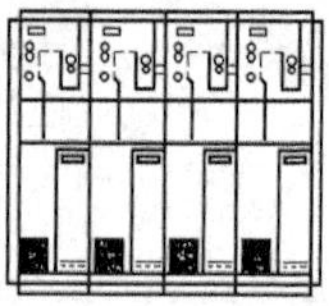
		倾斜线	与水平线(或垂线)成一定方位角的直线	在造型中给人以奔放向上、散射突破的感觉,使造型的线型表现具有较强的动感	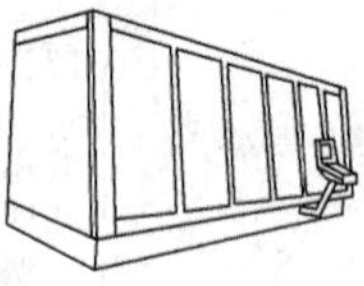
		折线 / 凸凹线	由水平线和垂线组合构成的折线	造型中具有连续、波动和重复的感觉,富于变化,有较强的跳跃动感	
		折线 / 线条	以倾斜线构成的、方位随时改变的连续线条		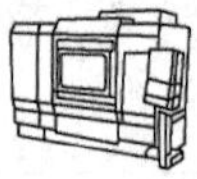
	曲线	定义	点的运动方位不断改变所形成的运动轨迹。其形态具有圆滑、丰满和愉快的特征	其曲率的大小与变化的状态具有不同程度的动感,给人以轻柔和优雅流动的感觉	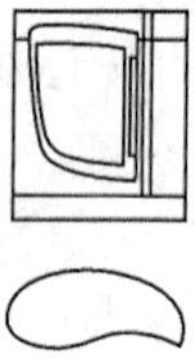
		函数曲线	可用数学方程进行描述的曲线		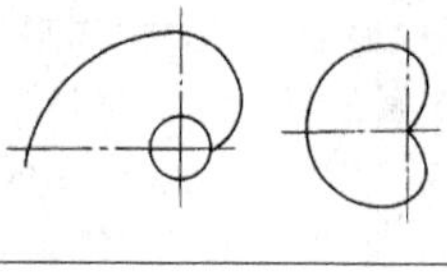
		任意曲线 / 无规律的	任意形式的自由曲线		
		任意曲线 / 有规律的 / 比例曲线	按一定比例关系和作图方法,与原始曲线间形成比例变化的派生曲线	除具有一般曲线的形式心理外,这类曲线构成的曲线簇由于有内在的变化关系,可以产生十分协调和柔和变化的感觉	

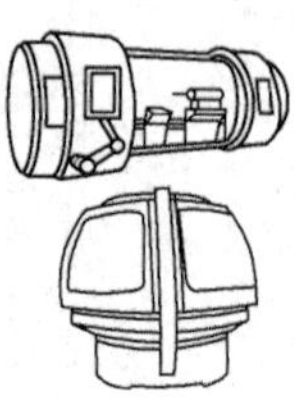

（续）

构成要素				性质	造型的形式心理	图例
线	曲线	任意曲线	有规律的	同簇曲线	按一定比例关系和边界条件作图,与原始曲线间形成比例变化的派生曲线	除具有一般曲线的形式心理外,这类曲线构成的曲线簇由于有内在的变化关系,可以产生十分协调和柔和变化的感觉
				波纹线	周期性变化的曲线	
面	平面及典型平面图形			定义	直母线沿直导线移动所形成的面。平面上不同边界形状所包围的平面图形称为平面形,它具有多种多样的形式	平面具有平整、开阔的形式心理感,但不同的平面形又有截然不同的心理感觉	
				正方形	四边相等、各边夹角为90°的肯定图形	造型中的正方形具有稳定严肃的感觉,竖置的矩形具有稳定、雄壮、高耸和坚固的视觉感,横置的矩形具有宽广、稳定的感觉	
				矩形	四边两两对应相等、各边夹角为90°的肯定图形		
				正三角形	三边相等、各边夹角为60°的肯定图形	造型中竖放的正三角形具有稳定、严肃的感觉,而倒置的正三角形则会产生强烈的不稳定感。任意三角形竖放具有稳定、自由的视觉效果	
				任意三角形	三边不完全相等的三边形		
				正梯形	上下底边平行、侧边与底边夹角相等的四边形	造型中的正梯形给人稳定有生气的感觉;而任意梯形不仅具有稳定感,而且可以产生较自由的视觉感;倒梯形产生轻巧、生动但欠稳定的感觉。如果正梯形与倒梯形组合造型,则给人以既活泼生动又轻巧稳定的感觉	
				任意梯形	上下底边平行、侧边与底边夹角不相等的四边形		
				倒梯形	上底边大于下底边且相互平行、下底边与侧边夹角相等(或不相等)的四边形		
				圆形	圆周各点距圆心距离均相等	造型中圆给人以严肃丰满、亲切和有动感的感觉。如果在圆的图形中加上水平线,则形成动中有静的感觉;如果在圆形中加上波浪形的曲线,则可加强圆的动感,产生动中有动的视觉感	
				正椭圆	长轴平行于水平线、短轴垂直于水平线的椭圆	造型中正椭圆具有较稳定、自由和亲切的感觉,而任意椭圆则产生不稳定的强烈动感	
				任意椭圆	长轴与水平线成任意夹角的椭圆		
				曲正方形、曲正三角形、曲长方形	由边为一定曲率半径的曲线构成的正方形、正三角形和长方形	造型中具有各曲边形吸取曲线的特点,但仍保持原图形的基本性质,因此在造型的形式心理上,这类图形给人以严肃但又生动、自由、轻巧、活跃和亲切的视觉效果	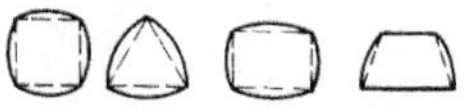

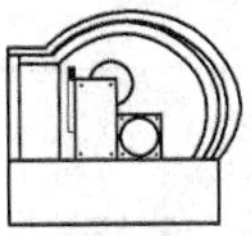

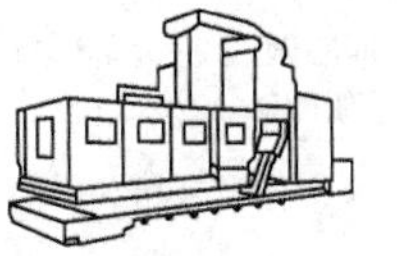

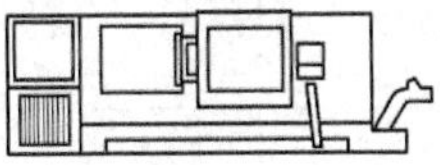

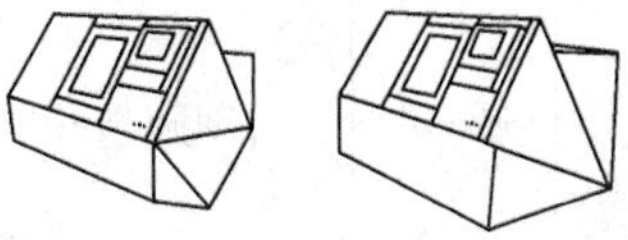

3.3 常用几何曲线的构成与演变 (见表 42.2-8)

表 42.2-8 常用几何曲线的构成与演变

曲线名称及作图法名称	作图条件	作图方法及图示
椭圆曲线	四心圆近似画法	已知椭圆长轴为 AB,短轴为 CD	连接 AC,以长短轴的交点 O 为圆心,AO 为半径画圆弧与 CD 之延长线相交于 E 点,再以 CE 为半径、C 点为圆心画圆弧,与 AC 相交于 E_1 点。作 AE_1 线段的中垂线与长轴 AB 相交于 O_1 点,与短轴相交于 O_2 点。在长轴与短轴的另一边求出 O_1、O_2 点的对称点 O_3、O_4,分别以 O_1、O_2、O_3、O_4 点为四个圆心,首先以 O_2C(或 O_4D)为半径画圆弧与 AE_1 的中垂线相交于 F 点,再以 O_1 点为圆心、O_1F 为半径画圆弧,与大圆弧在 F 点相接。同理,椭圆的其他弧线也可画出,大小圆弧的相接点均在其圆心的连线上 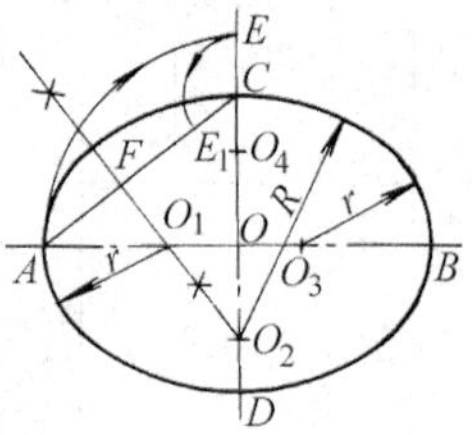
	同心圆画法	已知椭圆长轴为 AB,短轴为 CD	分别以长轴 AB、短轴 CD 为直径作同心圆,过圆心 O 作圆的任意分度线和大小圆均有交点,过大圆交点作平行于短轴的平行线与对应的过小圆交点所作长轴的平行线相交,其交点即为椭圆曲线上的一个点,则通过每一分度线的交点均可求得相应为椭圆上的一个点。连接求得的各交点即构成椭圆曲线 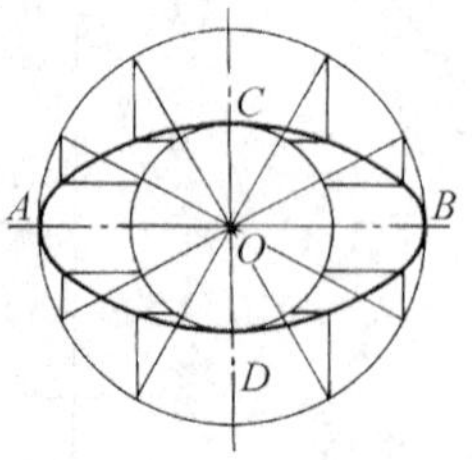
	倾斜椭圆画法	已知它对应的正圆直径为 AB(长轴),正圆倾斜后直径的投影长度为 CD(短轴)	首先以 AB 为直径画圆,再过圆心 O 作 AB 的垂线与圆相交于 P、P' 点,过 P 和 P' 点作与水平线相垂直的平行线与以 O 为圆心、CD 为直径的圆弧相交于 D 点和 C 点,CD 即为倾斜椭圆之短轴。然后任意作 PP' 的平行线与正圆有一对交点(1、$1'$,2、$2'$、3、$3'$,$\cdots$),过这各交点同样作与水平线相垂直的平行线,与对应的过各 PP' 的平行线与 AB 的交点(a、b、c、$\cdots$)所作平行于 CD 的平行线相交,则交点即为所求倾斜椭圆上的两个点(如点 $1''$、$2''$、$3''$、$\cdots$)。连接上述各点,即为倾斜椭圆曲线 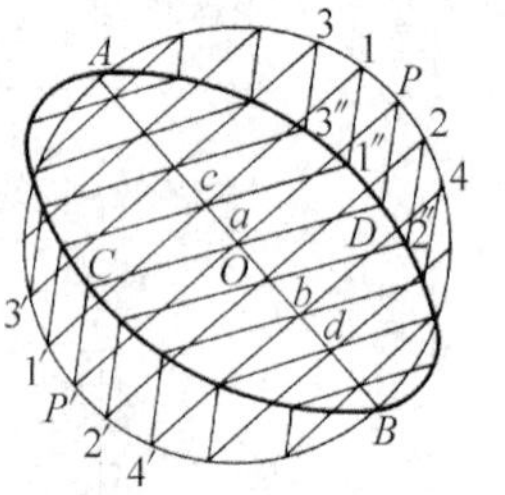
	平行四边形椭圆画法	已知椭圆任意倾斜位置的外接平行四边形(即长轴与短轴)	作椭圆外接平行四边形边的平分中线 AB 与 CD,对 AB 与 CD 按相同偶数(任取)进行等分。以短轴顶点 C 和 D 分别连接平行四边形短边各等分点,并与 C、D 点连接长轴 AB 上的各等分点的连线相交,各对应交点即为椭圆上的点。用曲线板连接便为椭圆 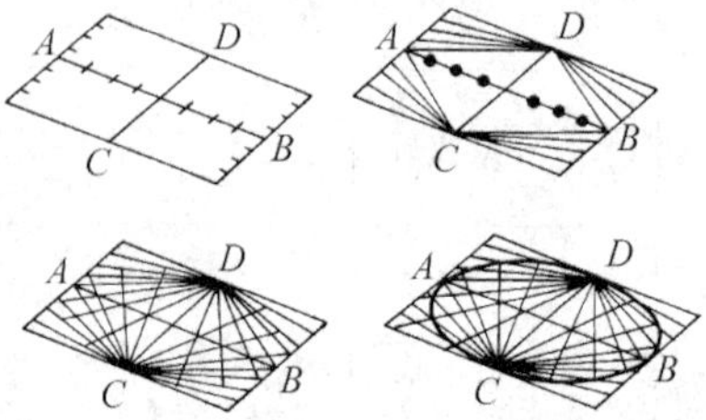

（续）

曲线名称及作图法名称	作图条件	作图方法及图示
蛋形曲线	已知蛋形的内接圆直径 AB	以 AB 为直径画圆,并作 AB 的中垂线与圆周相交于 C 点,连接 AC、BC 并延长,然后以 B 点为圆心、AB 为半径画圆弧,与 BC 的延长线相交于 D 点;同样,以 A 点为圆心,BA 为半径画圆弧,与 AC 的延长线相交于 E 点;再以 C 点为圆心,以 CD 为半径画圆弧。因 $CD=CE$,故 D 点和 E 点为各段圆弧的相接点,即画出衔接平滑的蛋形曲线 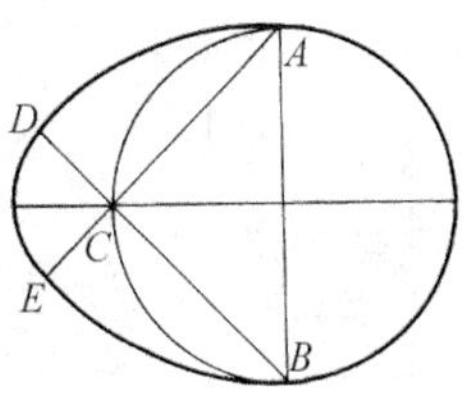
抛物线	已知抛物线的顶点为 o,消失点为 A 和 A'(即 x 轴坐标,$x=aA=a'A'$;y 轴坐标,$y=oa=oa'$)	将 x 坐标和 y 坐标值按相等数进行等分(图示中按 4 等分分割),过 y 轴各分割点作平行于 x 轴的平行线,各线与 aA、$a'A'$ 上的各等分点与顶点 o 的连线相交,则各交点即为抛物线上的各点。用曲线板圆滑连接各点即为所求抛物线 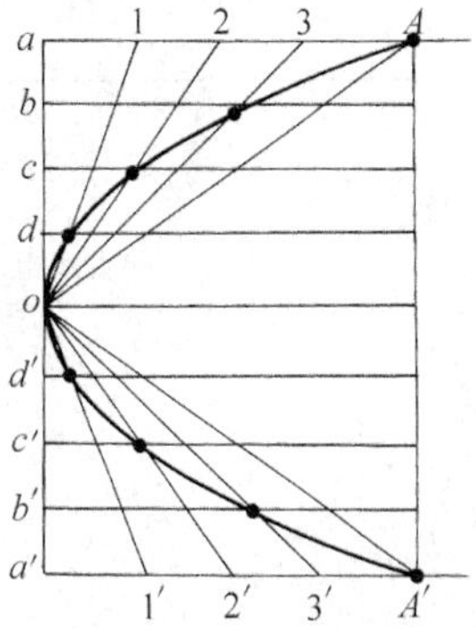
双曲线	已知实轴为 $2a$,虚轴为 $2b$(即已知顶点的坐标及渐近边界线的斜率)和渐近点 E 点和 E' 点	过顶点 o 作两渐近线的平行线 oB 及 oB',与过渐近点 E 和 E' 所作的另一渐近线的平行线,分别相交于 B 点和 B' 点,上下各构成平行四边形 $oAEB$ 和 $oA'E'B'$。先在右部作图,连接平行四边形 $oAEB$ 的对角线 AB,再作 oA 的 1/3 分割点 1,过 1 点作渐近线 AE 的平行线,与对角线 AB 相交于 a_1 点,此点即为双曲线上的一点。过 a_1 点作 Ao 的平行线与 oB 相交得 $1'$ 点,再连接 $A1'$;再作 $o1$ 的 1/3 分割点 2,过 2 点再作 AE 的平行线与 $A1'$ 相交于 b_1 点,b_1 点即为双曲线上的一点。同以上过程,再继续连接 $A2'$、过 $o2$ 的 1/3 分割点 3 所作的 AE 的平行线相交于 c_1 点,则 c_1 点也是双曲线上的一点。用曲线板圆滑连接 E、a_1、b_1、c_1、o 各点,即为双曲线的右半部。同理,可作出所求双曲线的左半部 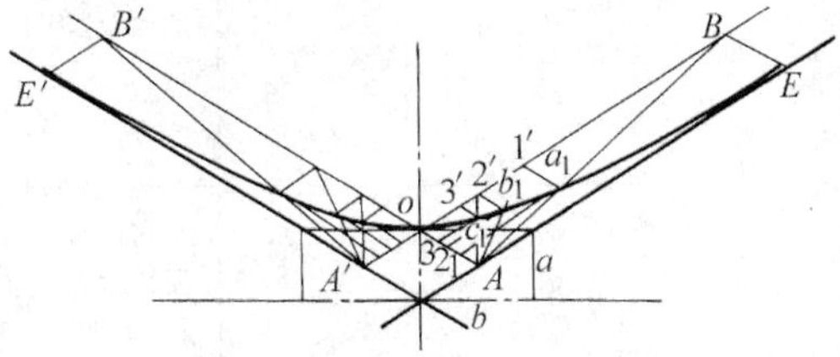
摆线	已知摆线的高 $D=AB$	以摆线高 D 为滚动的基圆直径作基圆,将基圆圆周任意等分(图示中为 8 等分)。摆线周长 $t=\pi D$,将 t 也等分相同的等分数,得各滚动基圆的圆心 o_1、o_2、o_3、…、o_8,以上面各点为圆心、D 为直径,画出滚动基圆在周长滚动于各等分点位置的滚动圆,依序在各滚动圆上选定与各位置相应展开长相同的圆周对应分割点,如 o_1 的周长展开点 $2'$、o_2 的周长展开点 $3'$、…,则所定的 1、$2'$、$3'$、…、$1'$ 为摆线上的各点。用曲线板圆滑连接以上各点即为所求摆线 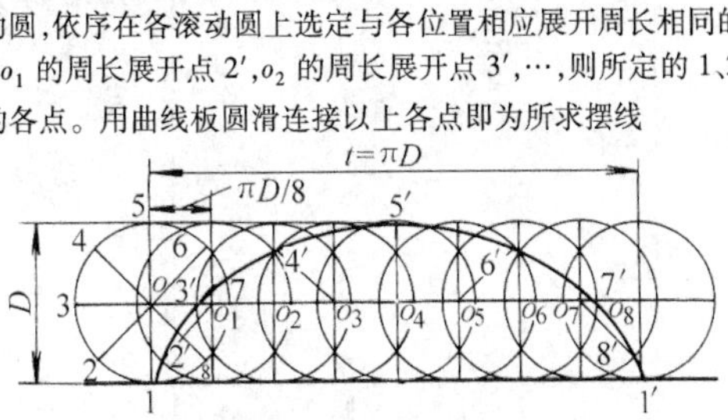

（续）

曲线名称及作图法名称		作图条件	作图方法及图示
螺旋线（涡线）	阿基米德螺旋线	已知导程为 h	以 o 为圆心,以导程 h 为半径作圆,将圆周和半径(导程 h)分成相同数量的等分(图中为8 等分),将圆周上的等分点 1′、2′、3′、…、8′分别与圆心 o 相连,然后以 o 为圆心,分别以 o1、o2、o3、…为半径画圆弧,与 o1′、o2′、o3′、…连线分别相交,这些交点即为阿基米德螺旋线上的点。用曲线板把它们圆滑地连接起来,即得所求螺旋线 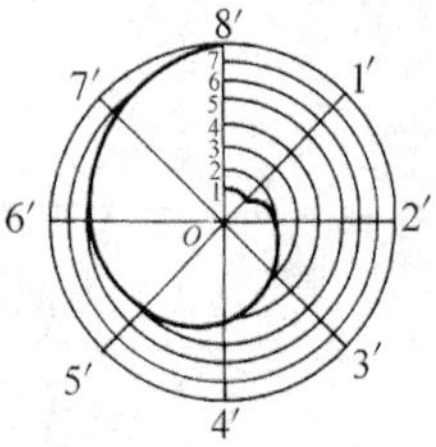
	等差螺旋线 Ⅰ	已知直线上 o_1、o_2 的距离	轮流以 o_1 和 o_2 为圆心,以圆心与前面 180°圆弧在直线上的交点之间的距离为半径画半圆,相继画半圆即作出涡线 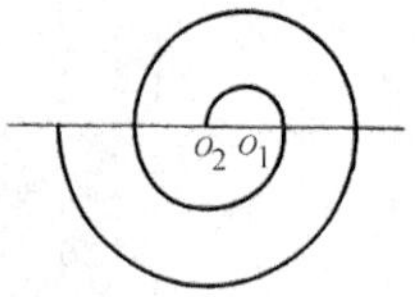
	等差螺旋线 Ⅱ	已知 o_1、o_2、o_3 为正三角形顶点的距离	轮流以 o_1、o_2、o_3 为圆心,以圆心与前画圆弧在三角形延长线上的交点之间的距离为半径画 120°圆弧,相继画圆弧即作出涡线
	等差螺旋线 Ⅲ	已知 o_1、o_2、o_3、o_4 为正方形顶点的距离	轮流以 o_1、o_2、o_3、o_4 为圆心,以圆心与前画圆弧在正方形延长线上的交点之间的距离为半径画 90°圆弧,相继画圆弧即作出涡线
	等比螺旋线		它由以 φ 矩形的动态分割矩形的各大小 φ⁻ 矩形的对角线为半径所作圆弧线衔接而成。各圆弧线的圆心是以组成 φ 矩形的 φ⁻ 矩形(如 φ 矩形 ABEF 是由正方形 ABCD 和 φ⁻ 矩形 CEFD 组成)的对角线为半径(如图示中对角线 DE),以 φ 矩形长边的两端点(如图示中 B、E 点)为圆心画圆求得圆心 o_1,画出 $\overset{\frown}{BE}$。同理,$\overset{\frown}{EF}$是以对角线 FH 为半径,以 F、E 为圆心求得圆心 o_2,再以 o_2 为圆心,FH 为半径画圆圆弧而得。所作各 φ 矩形长边的圆弧相接即为等比螺旋线 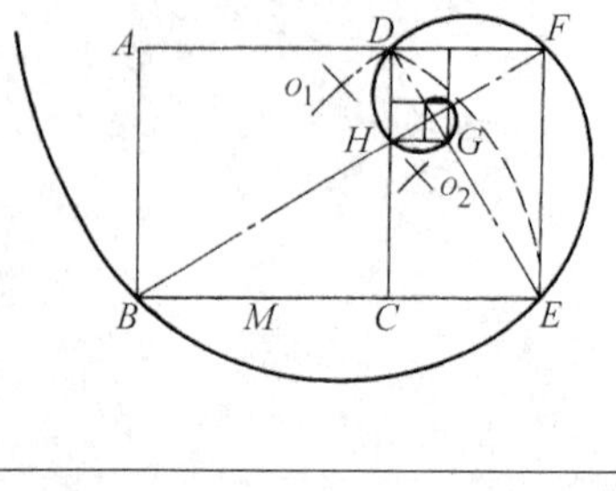

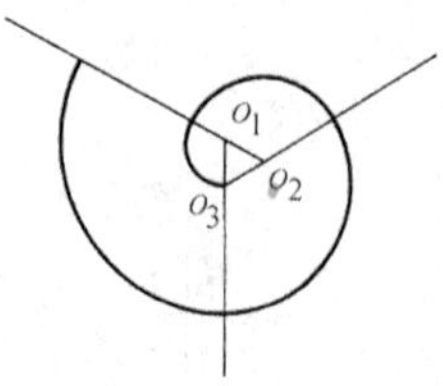

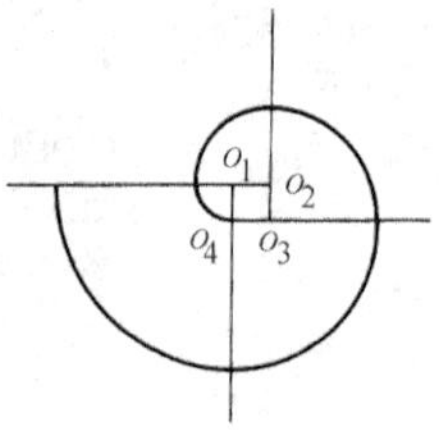

（续）

曲线名称及作图法名称	作图条件	作图方法及图示
伊欧尼阿涡线	已知涡线外接的任意矩形 AB-CD	以矩形 A、B、C 三顶点分别作其直角的角平分线,相交为一正方形 $abcd$;再求该正方形各边的平分中点,分别为 E、F、G、H,即为涡线画 90°圆弧的圆心;以该四点组成正方形并延长各边,与矩形边构成新的正方形,以新正方形的边长为半径,然后画 90°圆弧各自相接。按上述方法,作出 $EFGH$ 正方形各边中点构成的正方形,再作此正方形各边的中点,又为涡线画 90°圆弧的圆心,再作与前涡线相接的圆弧线,即作出该涡线 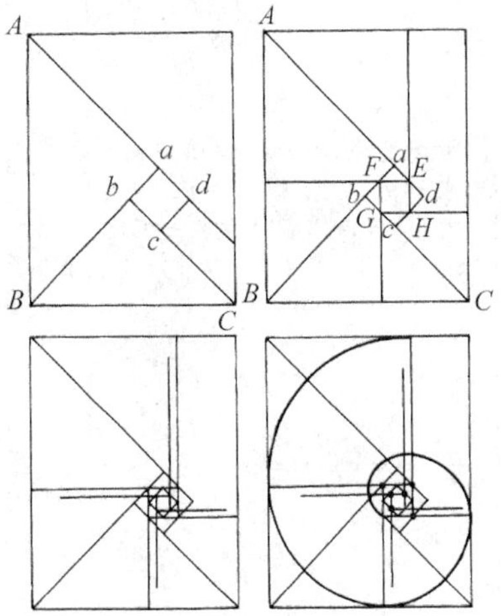
圆渐开线	已知渐开线的基圆直径 D	将直径为 D 的圆分成任意等分(图示为 12 等分),同时将圆周长 πD 也等分成相同数目的等分(12 等分),过圆周上各等分点按同一方位作圆的切线;然后,以圆周上各等分点为圆心,以各对应等分点的展开长度为半径画圆弧,起于上一切线,止于过该等分点所作的切线。各段圆弧衔接于 $1'$、$2'$、$3'$、…、$12'$各点,即为所求的渐开线 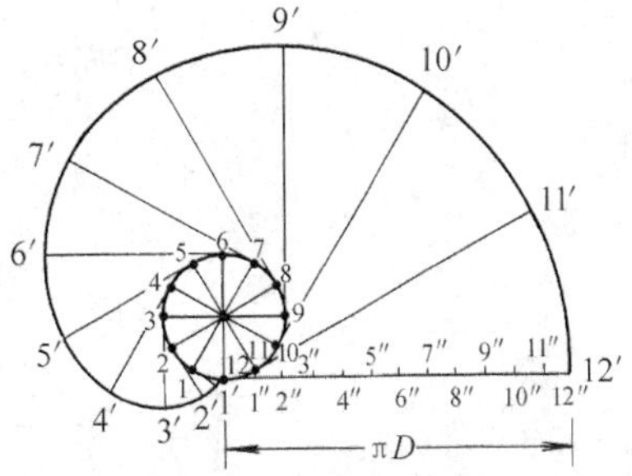
比例曲线　坐标系不变,仅按比例改变坐标值的大小而演变的比例曲线作图法	原始曲线为 oA,y 坐标值不变,仅按比例扩大 x 坐标值为 2x、3x、4x、…,可求得如实线所示的一组比例曲线	由原始曲线 oA 上的 1、2、3 点,得到对应的 x 坐标 $1'$、$2'$、$3'$;过 o 点作 $o1'$、$o2'$、$o3'$、ox 射线,即为当 x 变化时的比例关系射线。若要作横坐标值为 $4x$ 时的比例曲线 $o4x$,则应过 $4x$ 作 y 轴平行线,与射线 ox 延长线交于 o_4 点,再过 o_4 点作 x 轴的平行线与射线 $o1'$、$o2'$、$o3'$的延长线,分别交于 a、b、c 点。o_4、a、b、c 等点即为演变曲线相应变化的 x 坐标值,以此值与对应的 1、2、3 点的 y 坐标值相交即为新的比例曲线上的点($1''$、$2''$、$3''$),连接 o、$3''$、$2''$、$1''$及 $4x$,即得所求曲线。同理,可求得当 x 值为 $3x$、$2x$ 时的新比例曲线

(续)

曲线名称及作图法名称	作图条件	作图方法及图示
比例曲线	坐标系不变,仅按比例改变坐标值的大小而演变的比例曲线作图法	原始曲线为 oA,y 坐标值不变,仅按比例扩大 x 坐标值为 $2x$、$3x$、$4x$…,可求得如实线所示一组比例曲线
	如改变派生曲线的 y 坐标值为 y_1、y_2、y_3,则 x 同时按对应比例改变,可求出一组如虚线所示的比例曲线	
	改变坐标系的角度或既改变角度,又同时改变 x 坐标值的作图法	已知原始曲线 Bx,当 y 轴与 x 轴夹角改变时,所派生的比例曲线为图示中实线

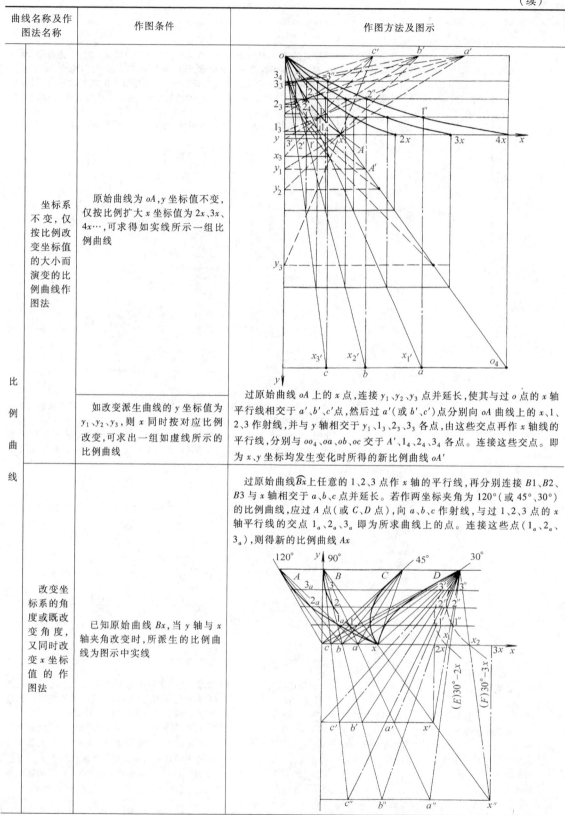

过原始曲线 oA 上的 x 点,连接 y_1、y_2、y_3 点并延长,使其与过 o 点的 x 轴平行线相交于 a'、b'、c' 点,然后过 a'(或 b'、c')点分别向 oA 曲线上的 x、1、2、3 作射线,并与 y 轴相交于 y_1、1_3、2_3、3_3 各点,由这些交点再作 x 轴线的平行线,分别与 oo_4、oa、ob、oc 交于 A'、1_4、2_4、3_4 各点。连接这些交点。即为 x、y 坐标均发生变化时所得的新比例曲线 oA'

过原始曲线 $\overset{\frown}{Bx}$ 上任意的 1、2、3 点作 x 轴的平行线,再分别连接 $B1$、$B2$、$B3$ 与 x 轴相交于 a、b、c 点并延长。若作两坐标夹角为 $120°$(或 $45°$、$30°$)的比例曲线,应过 A 点(或 C、D 点),向 a、b、c 作线,与过 1、2、3 点的 x 轴平行线的交点 1_a、2_a、3_a 即为所求曲线上的点。连接这些点(1_a、2_a、3_a),则得新的比例曲线 Ax

（续）

曲线名称及作图法名称		作图条件	作图方法及图示
比例曲线	改变坐标系的角度或既改变夹角，又同时改变 x 坐标值的作图法	如既改变夹角又改变 x 坐标值，所派生的比例曲线为图示中虚线	例如，求 y 轴为 $30°$，x 取 $2x$、$3x$ 的比例曲线。作图方法是：过变化的 x 坐标值 $2x$（或 $3x$）作 y 轴的平行线，与射线 Bx 交于 x'（或 x''），由 x'（或 x''）作 x 轴的平行线与射线 Ba、Bb、Bc 分别相交于 a'、b'、c' 点（或 a''、b''、c'' 点），然后再连接 Dx'、Da'、Db'、Dc'（或 Dx''、Da''、Db''、Dc''）形成一组射线，它们与过原始曲线上 1、2、3 点的 x 轴平行线分别交于 $1'$、$2'$、$3'$ 点（或 $1''$、$2''$、$3''$ 点）。平滑连接 x_1、$1'$、$2'$、$3'$ 点（或 x_2、$1''$、$2''$、$3''$ 点）及 D 点即得新比例曲线 E（或 F）
同簇曲线	边界条件相互平行的同簇曲线作图法（三角形因子作图法）	已知原始曲线 AE（可任意选定），相互平行的边界条件为 AD 及 EF（可任意选定）	先在曲线 AE 外任选一点 o，过 o 点作水平线 ox，再由 E 向 ox 作垂线 EF'，并取 $E'F'=EF$；在 ox 上任取一点 D'，作 $A'D'$ 垂直于 ox，且 $A'D'=AD$。过 A' 作 ox 的平行线与 oE' 之延长线交于 A_1 点，再作 A_1D_1 垂直于 ox。B 及 C 为欲作同簇曲线的端点（亦即原始曲线边界上的两个边界点），在 A_1D_1 上取 $B_1A_1=BA$，$B_1C_1=BC$，并连接 oB_1、oC_1。在原始曲线上任作几条截线 14、$1'4'$、$1''4''$（平行于边界 AD），与 $F'G$（G 为边界 AD 延长线上的任意一点）分别相交于 4_1、4_2、4_3。在比例三角形 $F'GD_1$ 中，分别作 4_1a、4_2b、4_3c 平行于 GD_1，再由 a、b、c 三点分别作 A_1D_1 的平行线与 oA_1、oB_1、oC_1 交于 a_1、a_2、a_3 点，b_1、b_2、b_3 点，c_1、c_2、c_3 点。最后，在原始曲线 AE 的各截线上取 $12=a_1a_2$、$23=a_2a_3$、$1'2'=b_1b_2$、$2'3'=b_2b_3$、$1''2''=c_1c_2$、$2''3''=c_2c_3$，$EH=E'H'$、$HI=H'I'$ 相对应的线段，就得到了 2、$2'$、$2''$，H，3、$3'$、$3''$，I，4、$4'$、$4''$ 等点。平滑连接 H、$2''$、$2'$、2 及 B 点，I、$3''$、$3'$、3 及 C 点，F、$4''$、$4'$、4 及 D 点，即为所求同簇曲线 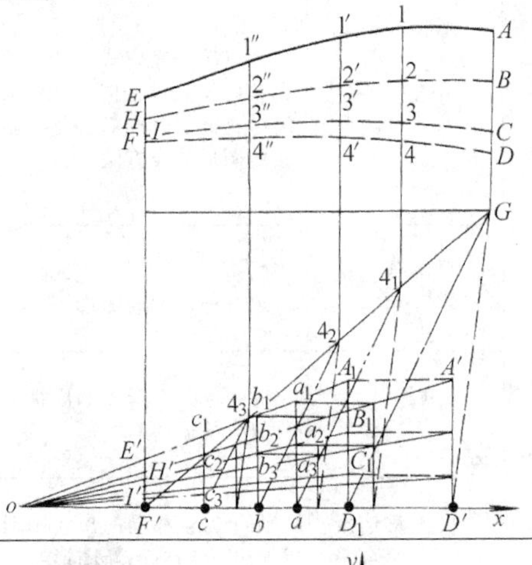
	边界条件相互垂直的同簇曲线作图法（半径因子作图法）	已知原始曲线 AE（可任意选定），相互垂直的边界条件为 AA' 和 EE'（可任意选定）	延长 AA' 和 EE' 为相互垂直的 x、y 坐标轴，在 x 坐标上任取一点 o，连接 Ao、$A'o$ 点，然后过 o 点作与 x 坐标成 $45°$ 夹角的直线与 y 轴相交于 o_1 点；在原始曲线上任取一点 B，过 B 点作 x 轴的平行线与 Ao 相交于 b_1 点；从 b_1 点作 x 轴的垂线与 $A'o$ 相交于 b'_1 点，过 b'_1 点作水平线。再过 B 点作 x 轴的垂线与 Eo_1 相交于 b_2 点，过 b_2 点作水平线与 $E'o_1$ 相交于 b'_2 点，过 b'_2 点作垂线与过 b'_1 点的水平线相交于 B' 点（作图过程见图中所示箭头）。此 B' 点即为所求 $A'E'$ 同簇曲线上的一点。同理，可在原始曲线上再任选 C、D 等点，按此作图法可求出相应的 C'、D' 等点。连接 A'、B'、C'、D'、E' 各点，则为所求的同簇曲线 $A'E'$ 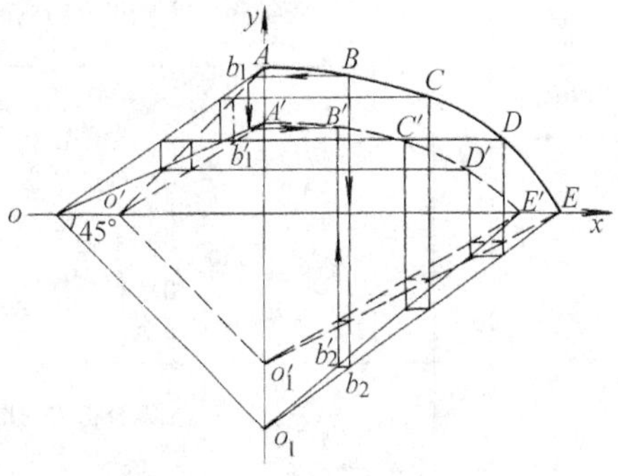

3.4　常用几何面的构成与演变（见表 42.2-9）

表 42.2-9　常用几何面的构成与演变

类型	构成与演变方法		性　质	图形示意及应用图例
平面（以正方形为基础的图形演变）	减缺	定义	两个（或更多）图形互相干扰（重叠）而减少（或缺少）其中重叠部分得出的图形。主体图形保留的比重大，减少部分的比重小	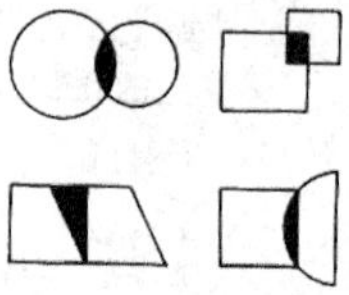
		对称减缺	以对称形式减缺	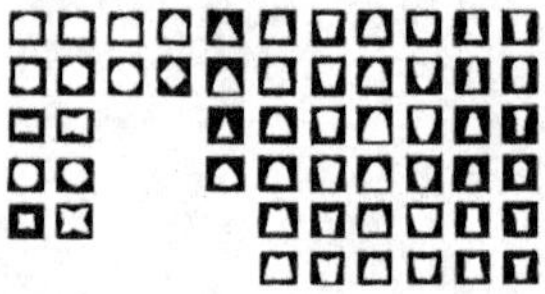
		单边减缺	以非对称形式减缺	
	过渡		指图形周边之间采取某种较缓和、自然的方式转折	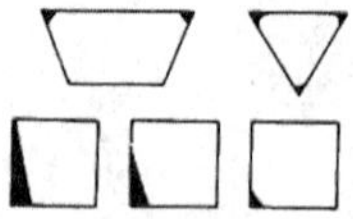
	组合	定义	经过减缺等方式演变出的单一形态在彼此间进行连接、接触、重叠或再经尺寸比例的改变而转化成新的图形形象的图形复合方法	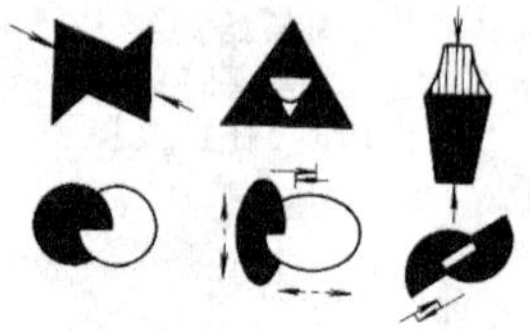
		连接组合 直线连接组合	同一单元图形以直线排列的方式进行组合构成的新图形	
		圆周连接组合	同一单元图形以圆周排列的方式进行组合构成的新图形	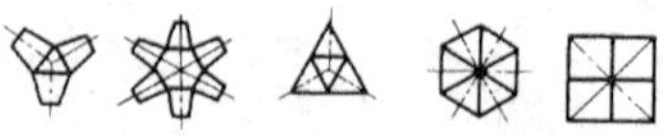
		对称连接组合	两个完全相同的单元图形以全对称方式组合构成的新图形	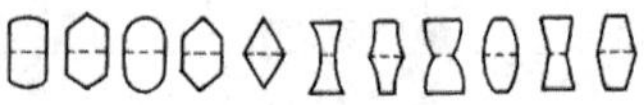
		非对称连接组合	两个不相同的单元图形，但组合处尺寸完全一致，以不对称的方式组合构成的新图形	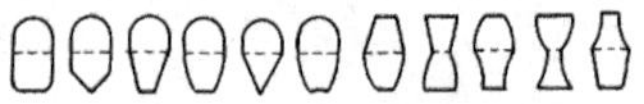
		重叠连接组合	两个相同（或不同）的单元图形以相互重叠搭接的形式组合而构成的新图形	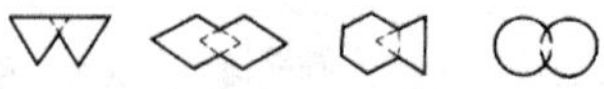
		比例尺度的演变	组合构成的图形在纵横方向按等比率或变比率的方式变化，又可构成与原图形同簇的不同形状的新图形	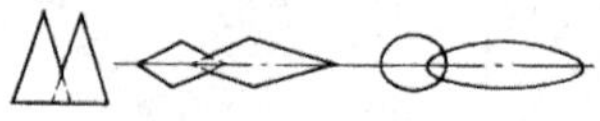
折面	直母线沿非封闭的折导线移动所形成的面		此种折面可展开在一个平面上	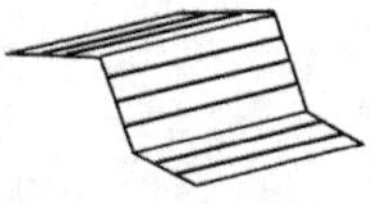

（续）

类型		构成与演变方法	性　质	图形示意及应用图例
曲 面	单 曲 面	直母线（或非封闭曲线）沿非封闭的曲导线（或直导线）平行移动而形成的曲面	此种曲面可展开在一个平面上	
		直母线两端沿非封闭的相似曲线移动而形成的曲面	此种曲面的各断面曲线相似而不相等。曲面可展开在一个平面上	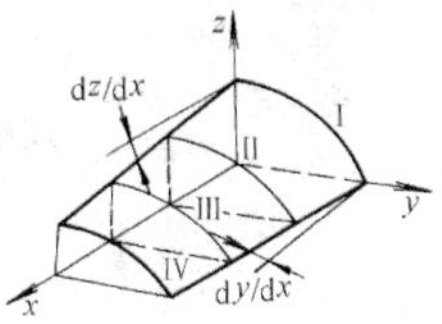
		曲母线沿两条交汇的边界曲线 V 和 W 按一定的变化梯度平移而形成的单曲面	此种曲面不能展开在一个平面上	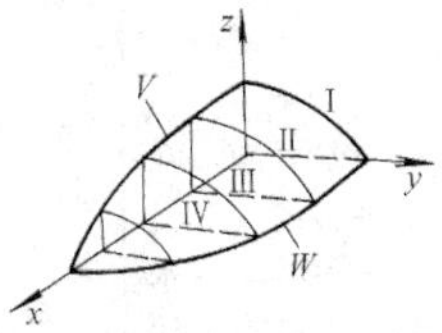
	双 曲 面	非封闭的曲母线沿非封闭的曲导线，并同向弯曲平行移动所形成的双曲面	此种曲面不能展开在一个平面上	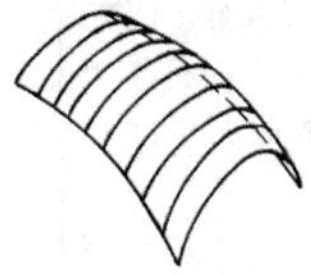
		非封闭的曲母线沿非封闭的曲导线，并反向弯曲平行移动所形成的双曲面	此种曲面不能展开在一个平面上	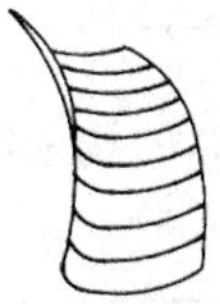
		圆弧母线的圆心在圆弧导线上平行移动，使圆弧母线互相平行而形成的双曲面	此种曲面不能展开在一个平面上	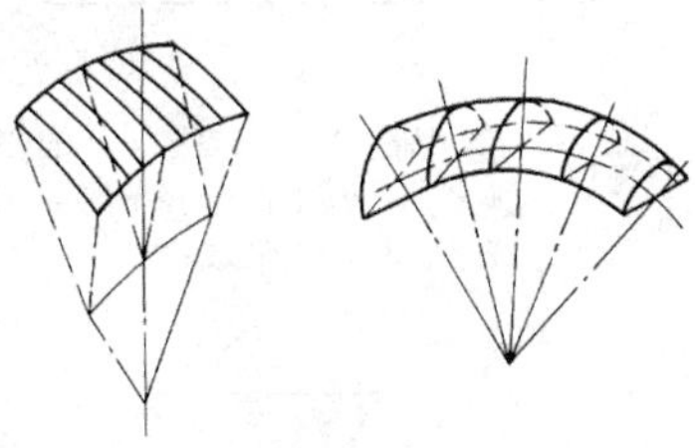
		非封闭的曲母线沿非封闭的曲导线回转移动而形成的双曲面	此种曲面不能展开在一个平面上	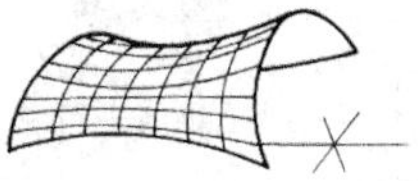
		直母线与曲导线所在平面成一倾角，并沿两种形式和大小相同的曲导线（如抛物线、圆）平行移动而形成的双曲面	此种曲面不能展开在一个平面上	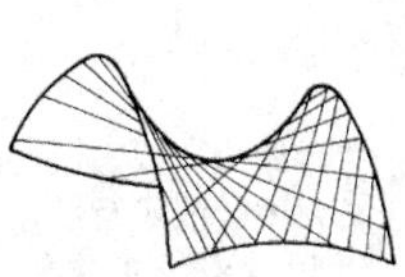
		直母线以两个不等圆周线为导线，并成一倾角沿导线移动所形成的双曲面	此种曲面不能展开在一个平面上	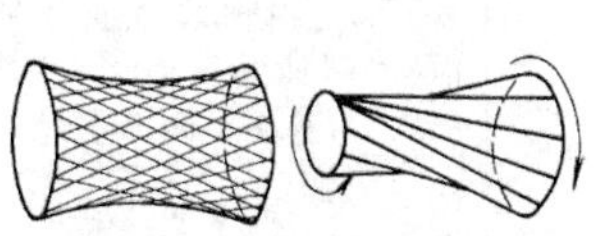

（续）

类型		构成与演变方法	性 质	图形示意及应用图例
曲 面	旋转曲面	非封闭的曲母线绕该曲线的对称中轴线旋转而形成的曲面	此种曲面不能展开在一个平面上	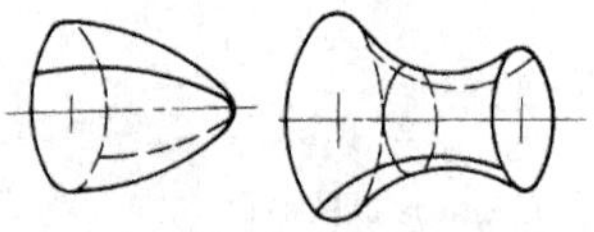
	劈锥面	直母线一端沿直导线,另一端沿非封闭的曲导线移动而形成的曲面	此种曲面可展开在一个平面上	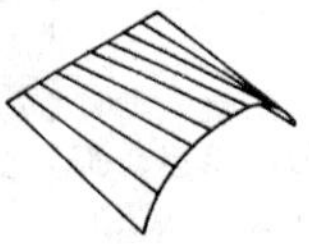
	直纹扭曲面	直母线沿着两根在空间不平行的直导线(一般采用两根在水平投影面上的投影相平行的两直线)且平行于同一导平面移动而形成的曲面	此曲面不能展开在一个平面上	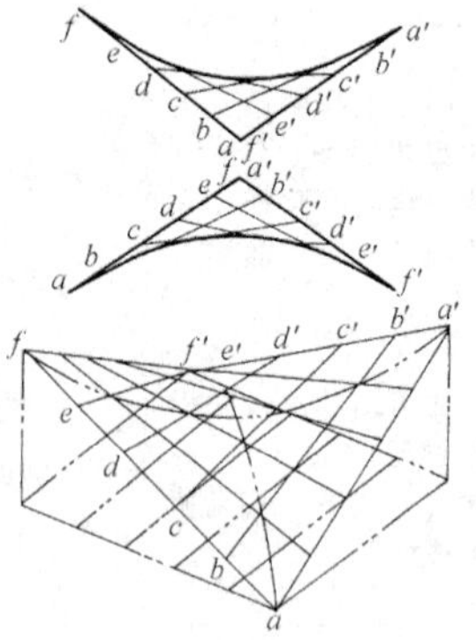

3.5 常用几何体的构成与演变（见表 42.2-10）

表 42.2-10 常用几何体的构成与演变

类 型		构成与演变方法	性 质	图 例
等截面体	直等截面体	母线为直线,母线与基准平面垂直,沿上、下两个相等的封闭导线平行移动而形成	各截面相等,中轴线为直线,垂直于基准面	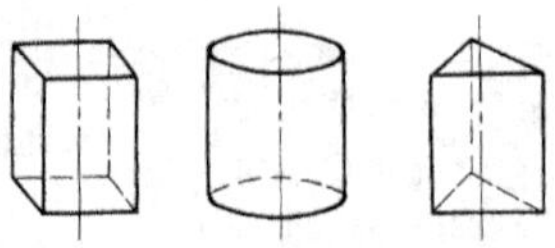
	斜等截面体	母线为直线,母线与基准平面相交不为90°,并沿上、下截面相等的封闭导线平行移动而构成	各截面相等,中轴线为直线,与基准面倾斜	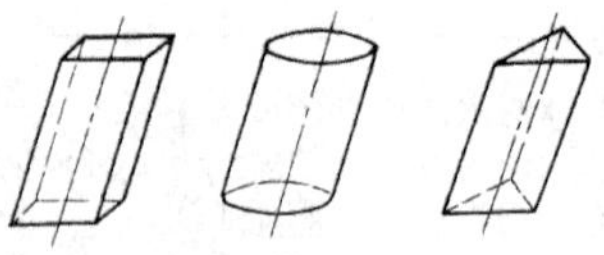
	直曲等截面体	母线为曲线,并沿着上、下相等的封闭导线平行移动而形成。由于上、下截面的中轴线与基准平面的夹角不同,又可形成直曲等截面体(中轴线垂直于基准平面)和斜曲等截面体(中轴线为曲线,与基准平面不垂直)	各截面相等,中轴线为曲线,但上、下截面的中轴线垂直于基准面	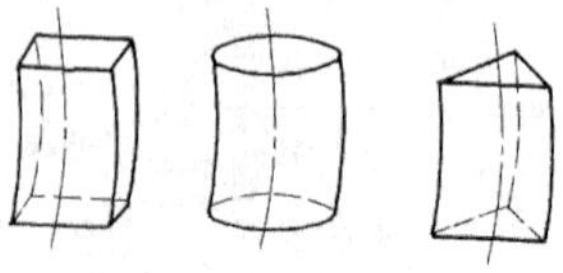
	斜曲等截面体		各截面相等,中轴线为曲线,上、下截面的中轴线与基准面倾斜	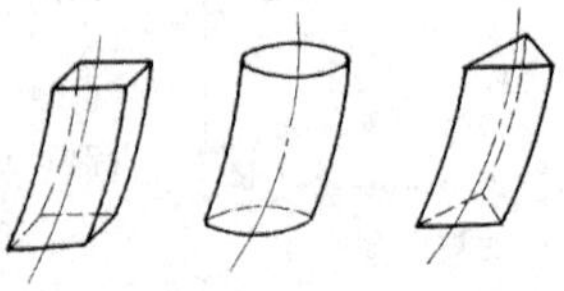

（续）

类　型		构成与演变方法	性　质	图　例
等截面体	等截面回转体	由一封闭截形绕一轴线做圆周运动而构成	垂直于基面的各截面相等,回转轴心线垂直于基准面	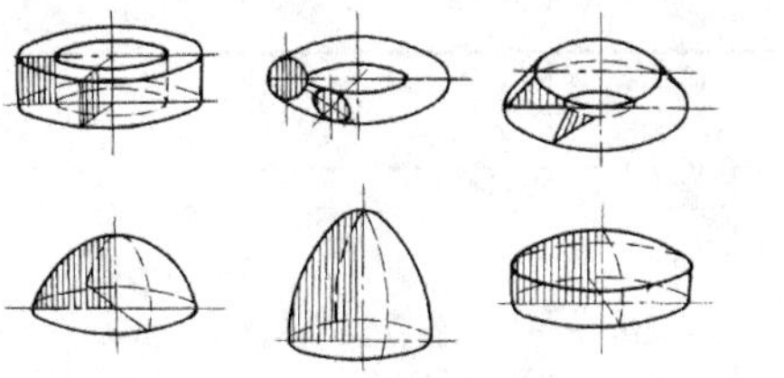
等形异面体	直等形异面体	母线为直线,上、下两导线截形相似而不相等,两截形中心轴线垂直于基准平面。母线按与轴线共面的方位以等角速度旋转,并沿上、下两导线截形移动而形成	各截面相似而不相等,中轴线垂直于基准面	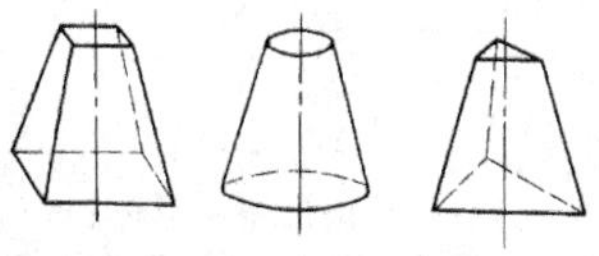
	斜等形异面体	母线为直线,上、下两导线截形相似而不相等,两截形中心轴线与基准平面倾斜一角度。母线按与轴线共面的方位以等角速度旋转,并沿两导线截形移动而构成	各截面相似而不相等,中轴线为直线,但倾斜于基准面	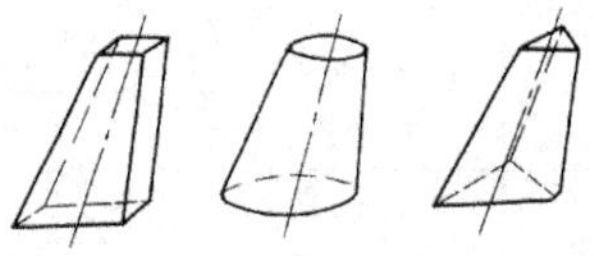
	正曲等形异面体	母线为曲线,上、下两导线截形相似而不相等,两截形中心轴线与基准平面垂直。曲母线与轴线共面的方位以等角速度旋转,并沿上、下两导线移动而形成	各截面相似而不相等,中轴线为直线垂直于基准面	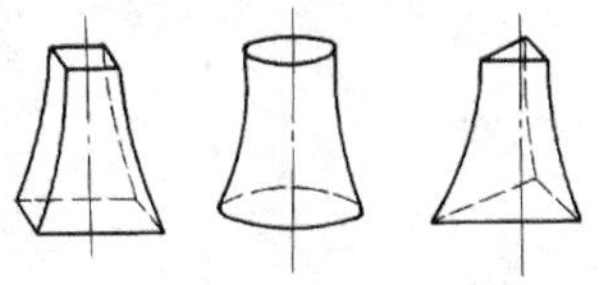
	斜曲等形异面体	母线为曲线,上、下两截形相似而不相等,两截形中心轴线与基准平面不垂直。曲母线与轴线共面的方位以等角速度旋转,并沿上、下两导线移动而构成	各截面相似而不相等,中轴线为曲线,上、下截面的中轴线与基准面倾斜	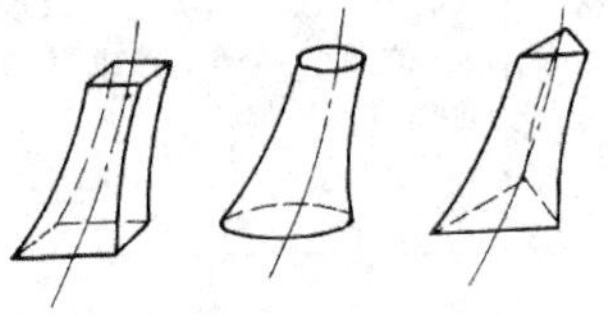
异形异面体	直异形异面体	母线为直线,上、下两截面形状不同,两截形中心轴线垂直于基准平面。母线按与轴线共面的方位以等角速度旋转,并沿上、下不同的截形导线移动而构成	由一种截形转变为另一种截形,各截面不相同,中轴线为直线,垂直于基准面	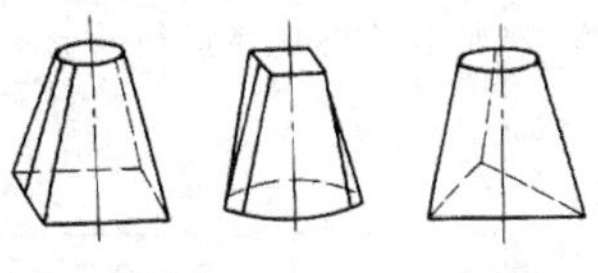
	斜异形异面体	母线为直线,上、下两截面形状不同,两截形中心轴线与基准平面倾斜一角度。母线按与轴线共面方位以等角速度旋转,并沿上、下不同的截形导线移动而构成	由一种截形转变为另一种截形,各截面不相同,中轴线为直线,与基准面倾斜	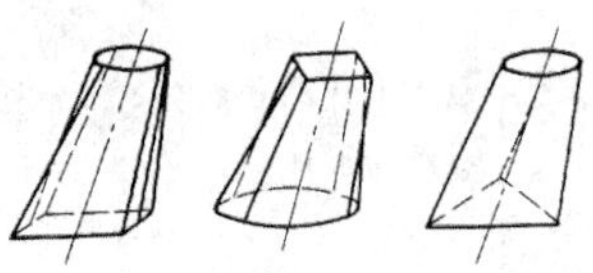
	曲异形异面体	母线为曲线,上、下两导线截面形状不同,两截形中心轴线与基准平面垂直。曲母线按与轴线共面方位以等角速度旋转,并沿上、下两截形导线移动而构成	由一种截形转变为另一种截形,各截面不相同,中轴线为直线,垂直于基准面	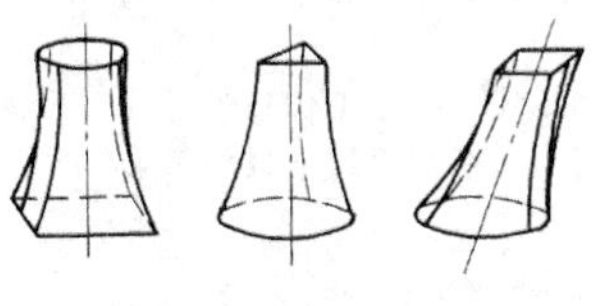

3.6　造型形态构成的基本法则（见表 42.2-11）

表 42.2-11　造型形态构成的基本法则

法则名称及类型		构成方法	性质	图例
形体组合	堆砌组合	由分解的单一形体由下而上逐个平稳地堆放在一起而构成的新形体	由堆砌组合方式构成的形体易获得形态稳定、形式变化多样的造型,应用广泛	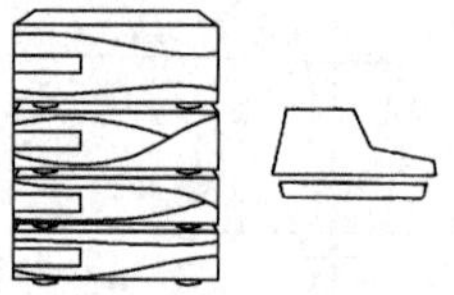
	接触组合	由分解的单一形体（或局部组合体）的线、面在水平方向上相互接合而组成的新形体	由接触组合方式构成的形体易获得形态稳定、均衡、组合多样的造型,应用广泛	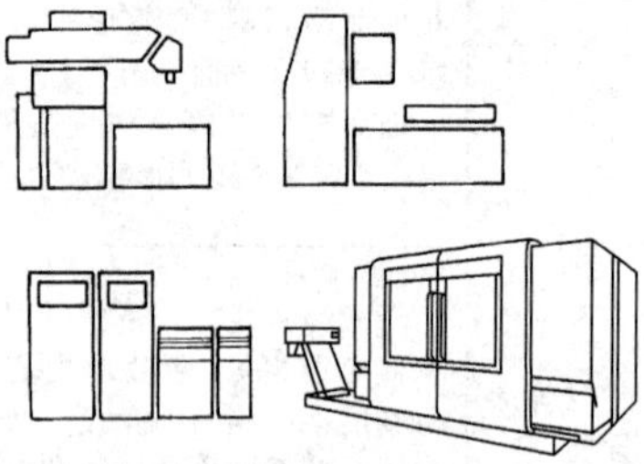
	连续组合	由相同的单一形体按水平直线或折线、弧线、圆周等方式重复相接而组合成新的形体	由连续组合方式构成的造型具有较强的节奏韵律感	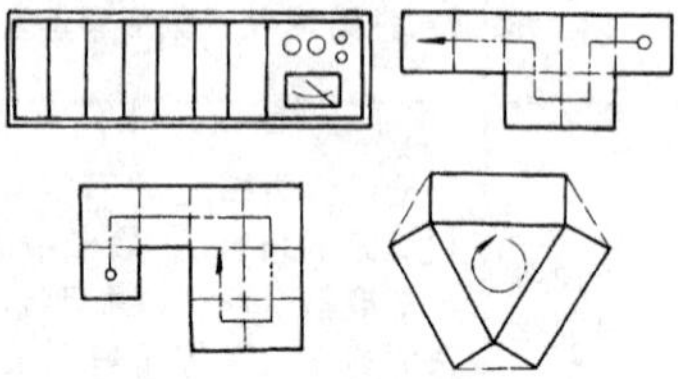
	渐变组合	由按一定规律减小（或增大）的多个单一形体连续组合而成的新形体	按渐变组合方式构成的造型具有动势感,形体转换变化自然	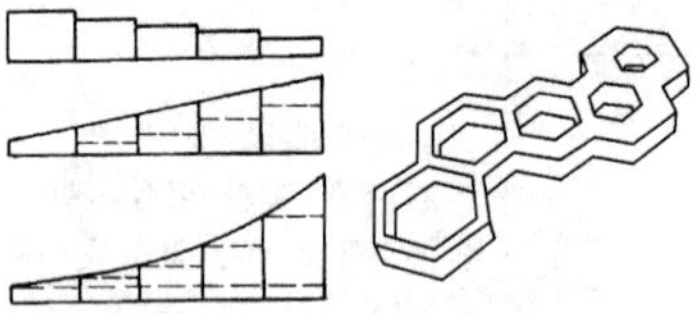
	贴加组合	在较大的形体上悬空地贴附较小的形体而构成新的形体	贴加的形体失去稳定的概念,但造型整体的稳定性又决定于所有组成形体体量的均衡	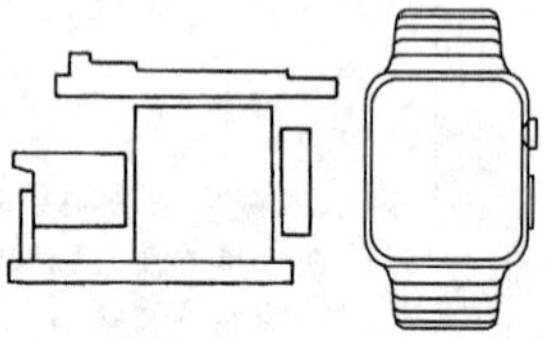
	叠合组合	由一个形体的一部分嵌入另一形体的某部分之中组合成的新形体	叠合方式构成的形体具有组合形体数量少但新形体造型凸凹变化多、形态生动的特点	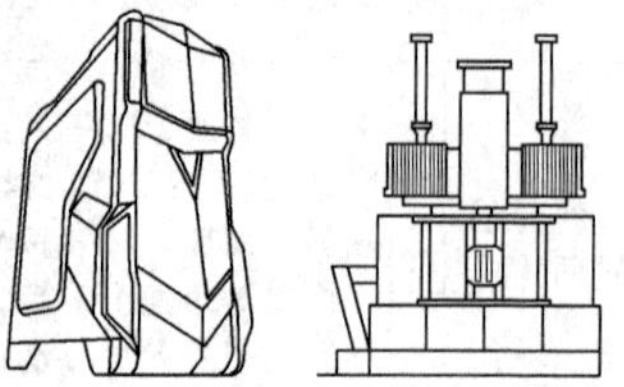
	贯穿组合	一个形体通过另一个形体的内部组合成的新形体	形体贯穿组合的交线为较复杂的空间曲线或折线,过多的贯穿交线对造型的整体线型关系有一定影响	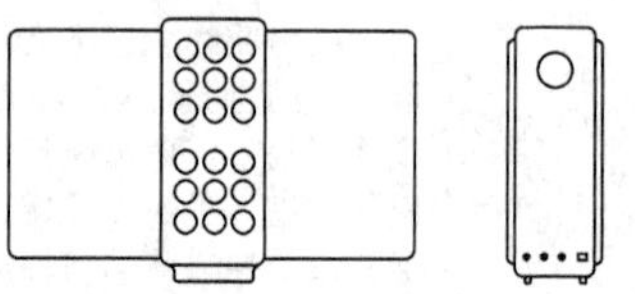

（续）

法则名称及类型		构成方法	性　质	图　例
形体过渡	形体过渡	形体组合之后,为使形体间衔接密切、转变自然及造型体感协调,在组合形体之间采用不同形式的过渡方式,使新组合的形体构成新的整体感	加强形体间的衔接,转变自然,组合协调	
	斜面过渡	采用包含两组合形体的斜面进行过渡	形成连续渐变的体面变化	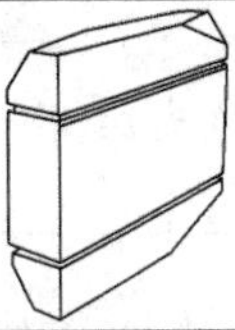
	弧面过渡	采用与两组合形体相衔接的弧形面进行过渡	形成圆滑流畅的曲线过渡	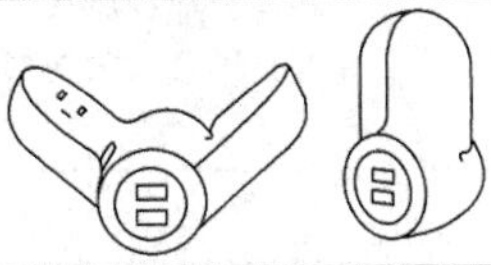
	异形异面体过渡	采用与两组合形体的截形面相同的中间异形异面体作为过渡形体	形成不同截形的逐渐演变,使过渡自然新颖	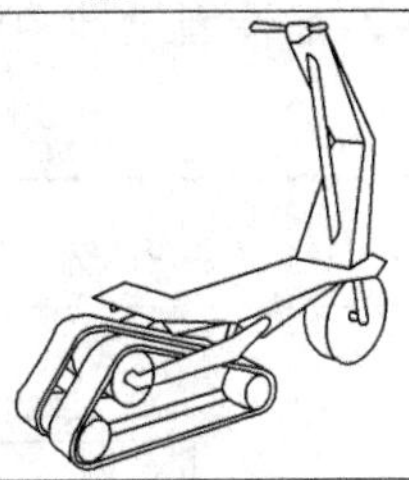
	形体修棱过渡	采用形体修棱的方式,使形体由一种截形逐渐转变成另一种截形,产生协调而自然的中间过渡	形成截面形状逐渐变化的自然过渡	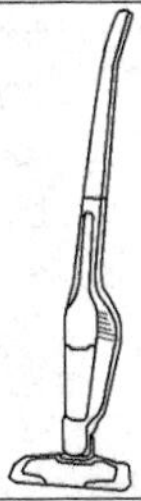
形体分割	形体切割	在单一形体上采用分割面对形体进行切割,使形体发生变面转换变化,从而增强形体构成的艺术效果	形体切割有利于形体转换变化,从结构上看,可提高结构强度,实现功能区划,改变形体比例	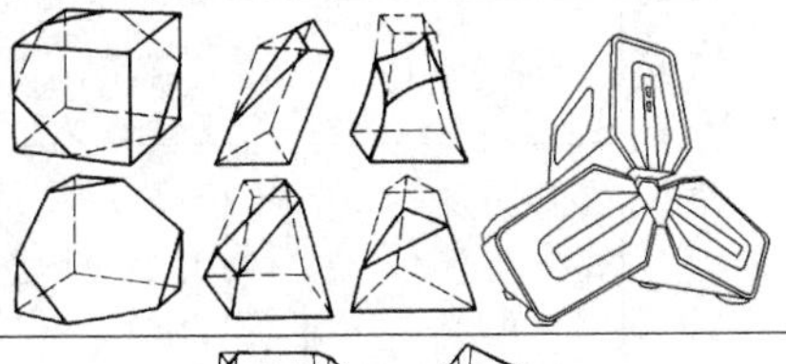
	形体修棱	在保证基本形体体量不变的情况下,对形体局部进行不同形式的修棱,使造型形体产生多种变化方案	对形体的局部修棱,可减弱形体锐边,丰富形体转换变化,也可形成形体间的自然衔接与过渡	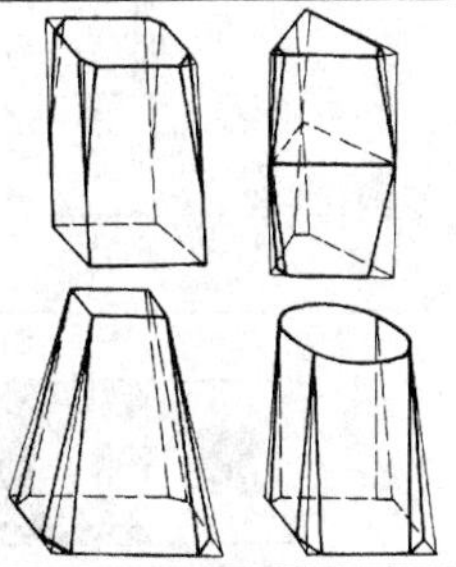
形体变化	扭曲变化	由形体两端断面的方位发生变化(或错动)而引起形体产生变化所形成的新形体	扭曲变化可丰富形体变化,实现造型中形体衔接方位的改变	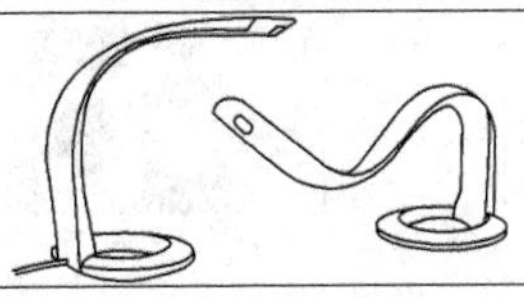

（续）

法则名称 及类型		构成方法	性　质	图　　例
形体变化	弯曲变化	使形体沿轴线弯曲变化而产生的一种新形体	能丰富形体变化,实现形体衔接方位的改变	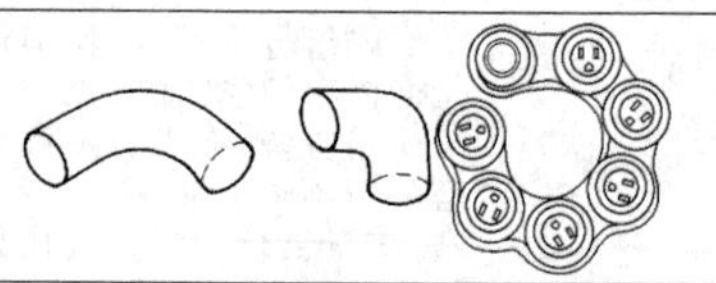
	压变变化	形体一端受外部压力作用而产生变形所形成的新形体	能丰富形体变化,改变功能断面形状的自然过渡变化	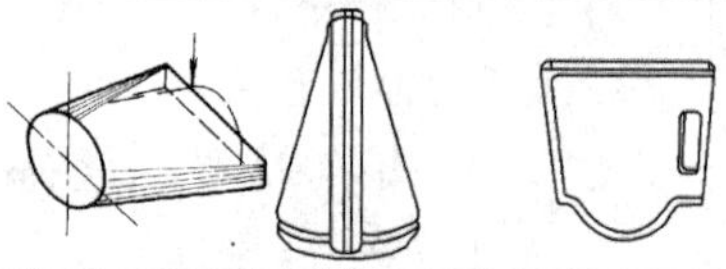
	压曲变化	形体一端经压变后再经弯曲变化所形成的新形体	能丰富形体变化,实现形体与功能面积方位和大小的自然过渡变化	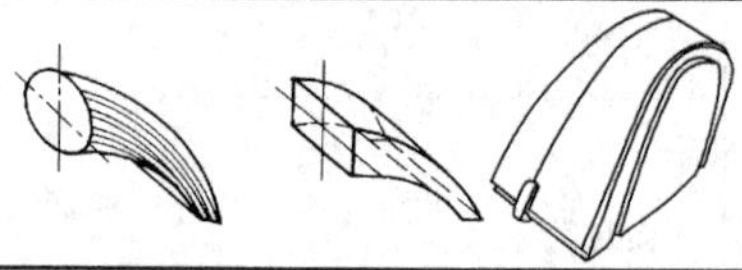

3.7　机械产品造型设计中的错视与矫正（见表 42.2-12）

表 42.2-12　机械产品造型设计中的错视与矫正

错视 类型	图　形　示　意	性　质	错视矫正及 利用方法	应　用　示　例
透视错觉	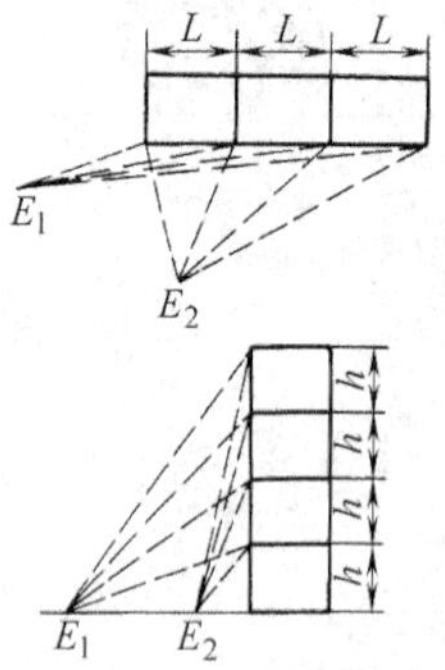	人的观察点位置不同,因透视关系使相同长短尺寸产生视觉上的变化感觉	利用逐渐加大(或缩小)尺寸的方法,使因透视错觉产生的尺寸变化得到弥补,使尺寸获得大致相等的感觉	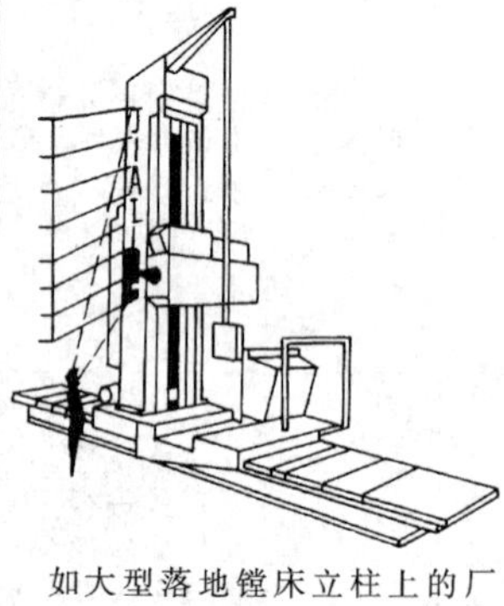 如大型落地镗床立柱上的厂名字母,越靠上尺寸应逐渐增大,实际观察时才会感觉上下字母尺寸大致相等
	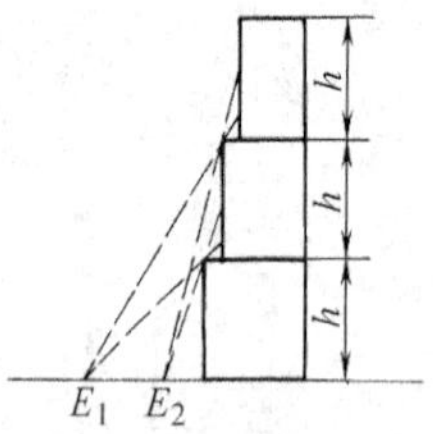	人的观察点位置不同,因透视和视觉遮挡,使相同尺寸产生视觉上的变化	利用几何作图法求出遮挡量,适当加大尺寸,使尺寸获得大致相等的感觉	
光渗错觉	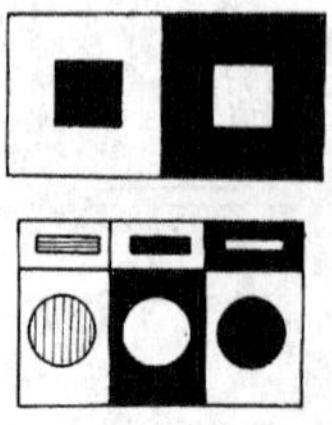	对面积相同的图形,浅色图形在深色背景下有胀大的感觉,而深色图形在浅色背景下有缩小的感觉	通过适当缩小浅色图形面积(或扩大深色图形面积)来调整使之获得图形面积相等的感觉	如产品应用深色涂装,有使形体变小的感觉,反之则有形体变大之感。等同面积涂装不同明度的色彩,面积有大小变化不等的感觉

（续）

错视类型	图 形 示 意	性 质	错视矫正及利用方法	应 用 示 例
对比错觉	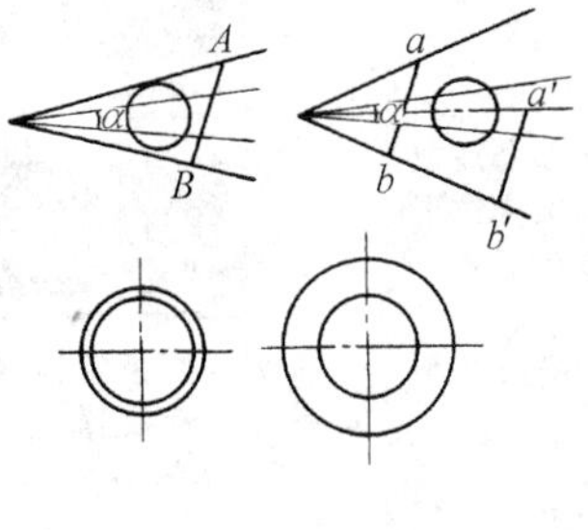	相同大小的图形或线段在大图形的范围内比在小图形范围内感觉小，即图形经大小对比后，使不同环境中的相同图形产生大小变化的感觉	适当加大（或缩小）图形面积使之获得大体一致的感觉	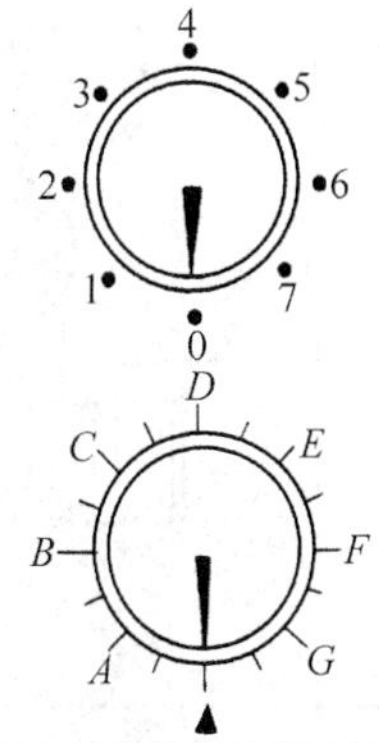
变形错觉	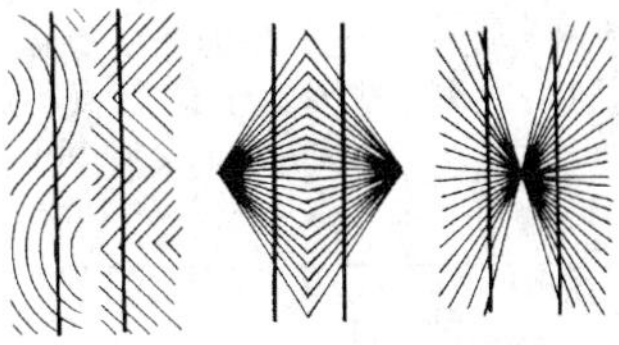	两根平行线以一束对交线的射线为背景，受其影响，使视觉上感觉两平行线变弯了（又称黑灵错觉）	避免要求平直的直线受背景图形的干扰	—
	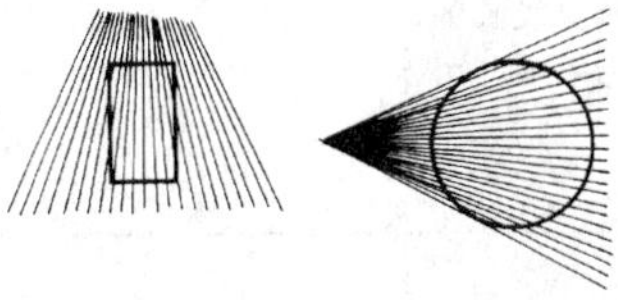	被一组射线包围的长方形变成顶比底宽的倒梯形正圆受射线干扰感觉也不为正圆了（又称庞佐错觉）	避免图形受其他射线形背景图形的干扰	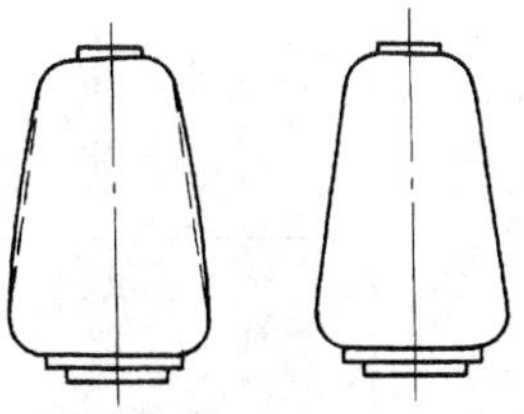
	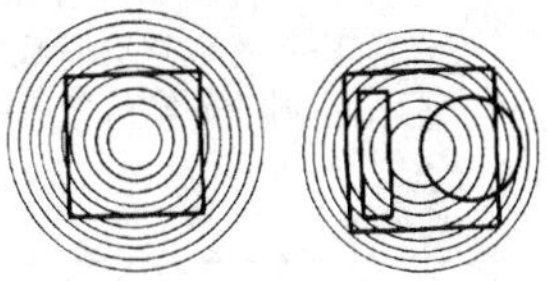	正方形、圆形受一组同心圆的影响，正方形也不正方了，圆也不圆了（又称厄任斯错觉）		如机器零件的圆弧与直线相切构成的轮廓，直线受圆弧动势的影响，直线有内弯的视觉感，因此一般将中部制作时略凸起，使实际感觉平直不下凹
	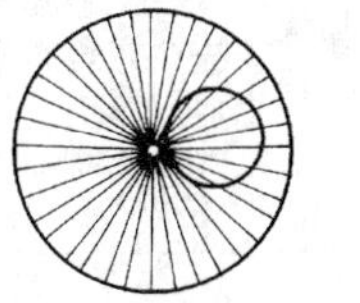	圆被一组同心射线干扰而不成正圆了（又称奥比生错觉）	避免图形受同心射线背景图形的干扰	如机器零件的圆弧与直线受圆弧动势的影响，直线有内弯的视觉感，因此一般将中部制作成略凸起，使实际感觉平直不下凹
	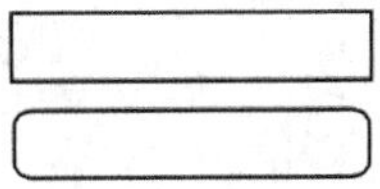	很长的长方形线条会给人线条中间下陷的错觉	边缘做适当圆弧倒角，可矫正这种下陷的错觉	对有很长的长方形直线元素造型的机械产品，要注意通过修正其边角圆弧来排除直线中间下陷的错觉
分割错觉	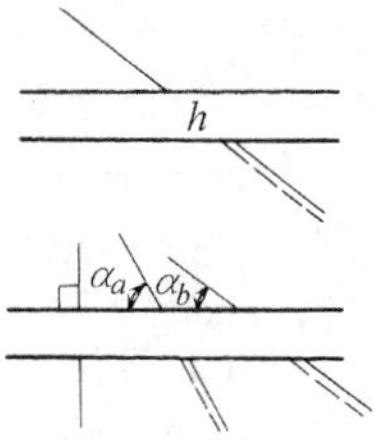	连续贯通的斜直线经两条平行线分割，感觉错位而不连续（又称波根多夫错觉）	避免直线受其他平行线的分割产生错位	—

（续）

错视类型	图形示意	性质	错视矫正及利用方法	应用示例
分割错觉	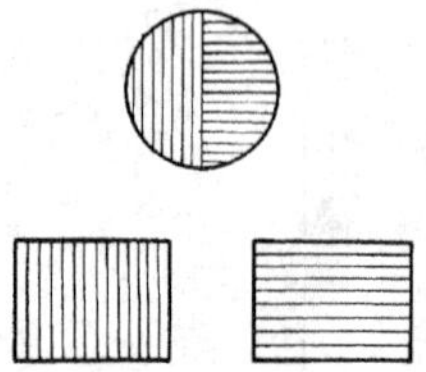	图形面积受不同方向的平行线分割，使图形沿分割线方向产生图形面积变长的感觉	可利用线条或色带的分割改变图形的尺度比例感觉	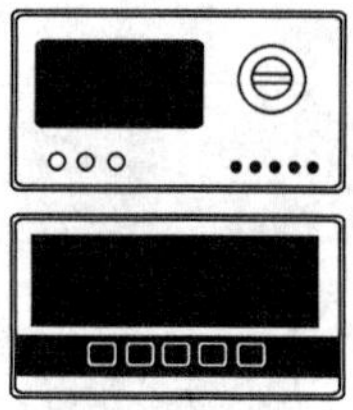 　如仪表面板的横向分割色带可使人感觉仪器的横向尺寸加宽，稳定感增强
长短错觉	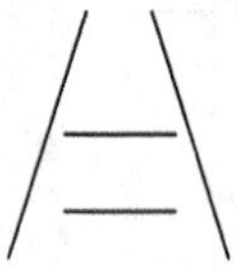	受两侧透视线的影响，上面的横线段感觉比下面的横线段长	适当缩短上面的横线段长度，或取消透视线	如汽车前进风口、机床通气口等，若因为造型需要必须将格栅排列呈梯形时，需特别注意修正每个格栅或通气口的长短和大小
	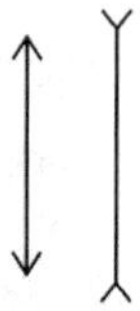	受两端箭头方向不同的影响，同样长的线段感觉长度不同	可将感觉较长的线段适当缩短	—
		相同长度的线段在短线段的范围内感觉比在长线段的范围内长，即图形经大小对比后，使不同环境中的相同图形产生大小变化的感觉	适当加长（或缩短）线段长度，使之获得大体一致的感觉	当机器产品控制面板上的显控装置或铭牌呈线形排列时，应特别注意修正该现象
大小错觉	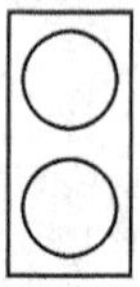	相同大小的圆形，位置在上的感觉比位置在下的大	适当缩小上面的圆形面积（或加大下面的圆形面积），使之获得大体一致的感觉	在类似型式的音箱等产品上，应注意修正上下喇叭的大小；机器产品上的圆形仪表、控制钮等竖向排列时，要注意修正
高低错觉	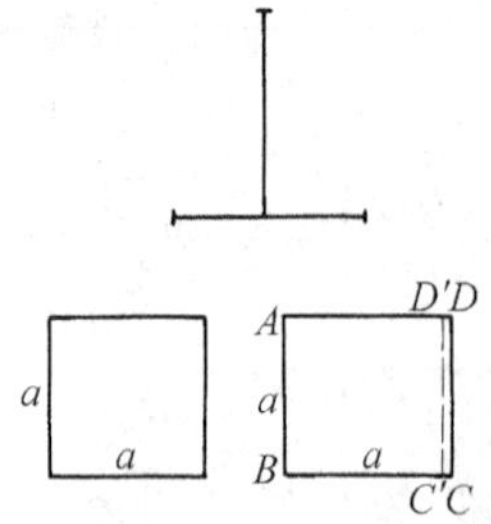	两条相等长度的线段，感觉竖直放置的高度要比横向放置的宽度大，产生不等长的错觉	适当缩短竖置线段的高度或加长横向线段的长度，使之获得正方形的感觉	如一些立面呈正方形的电子产品，为获取正方形的感觉，需在设计时适当调整长宽比
	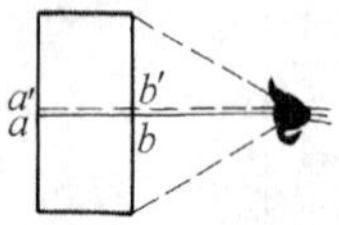	人眼观察的矩形面积平分线略高于实际的平分线位置，产生视觉中心偏高的错觉	为使平分线获得合适的视觉感，可适当将平分线向上调整	如机柜等产品的横向主分隔线或隔板位置需要据此做适当调整

4 色彩与材质设计

任何产品最终都会以一定的色彩形象呈现在购买者和使用者面前，色彩设计的好与坏对产品的形象有着至关重要的影响，这种影响主要体现在以下几个方面。

1) 产品色彩对使用环境的影响。由系列产品以及使用场所构成的使用环境，其总体色彩应该协调明快、冷暖补偿合理，有利于人们长时间在其中工作。

2) 对使用者的心理影响。产品的色彩处理应符合使用者所需要的使用情绪，不过于兴奋，也不易产生视觉疲劳。一些特别的颜色用于警戒色、安全色，提醒使用者、参观者规避危险。

3) 对产品附加值的影响。包括使用恰当的色彩情感，塑造产品的精密感、高科技感、速度感、运动感、膨胀感、厚重感、温暖感、冷漠感和贵重感等。

4.1 色彩性质与混合特征（见表 42.2-13）

4.2 色彩体系与表示方法

色彩体系为用于全面、有规律地表示各种色彩的系统表示方法（见表 42.2-14、表 42.2-15）。

表 42.2-13 色彩性质与混合特征

项 目		定 义 与 性 质	混 合 特 性
色彩	色光	色光是电磁波的一部分，是由具有一定质量、能量和动量的粒子所组成的粒子流。色光三原色为红、绿、蓝	1) 加色混合。色的明度加大。混合成分增加，其明度增高。三原色相混为白色 2) 减色混合。与三原色互补的三个减色，原色为青、品红、黄。三减色原色的密度变化控制着红、绿、蓝的射光比例，可得到各种混合色 3) 匀色混合。迅速旋转色纸组成的圆盘而形成的色彩混合，色相变化和加色法相同，而明度值是各色明度的平均值
	颜色	颜色是各种有机与无机物质的色光反映。对于有机颜料来说，颜色是由固态微粒在水或油剂中的光反射所形成的。颜色的三原色为黄、红、蓝	混合色越多，明度越暗。三原色相混合为黑色
色彩体系	色彩系列	由可见光谱中的色光混合而成的白光经三棱镜色散后，分解出不同色相的人眼可感觉的各种色彩，这些不同色相的色彩，再加上不同的明度变化和纯度变化，即可形成不计其数的不同色彩，这些人眼可见的色彩，即构成有色彩感觉的色彩系列	与色光、颜色混合特性一致
	非色彩系列	非色彩系列是指不含色素的白色、黑色及由白色黑色混合形成各种深浅不同的灰色所构成的一个黑白灰系列	与色光、颜色混合特性一致
色彩要素	色相	指每一颜色品质所独有的与其他颜色品质完全不相同的相貌特征，又称色泽	以色相为基础的颜色混合可获得其中间色相关系的颜色，但各色相颜色的比例不同，中间色的偏离情况也不同；同时还受颜色明度、纯度的影响
	纯度	指每一颜色色素的凝聚程度或饱和程度。饱和度或纯度越高，其色泽就越鲜艳。纯度又称色度、彩度、艳度和饱和度	以纯度为基础的颜色混合可获得纯度变化的颜色。伴随着明度发生变化，同色相的颜色混合，仅变化纯度和明度；不同色相和纯度的颜色混合，三种要素成分都会变化
	明度	指每一颜色的明暗程度，又称光亮度或鲜明度	以明度为基础的颜色混合可获得明度变化的颜色（其他性质同上）

表 42.2-14　基础色彩理论体系与表示方法

类型	色立体图示	要素等级	要素代号	要素图示	色彩表示方法及举例
孟塞尔色系(M 氏表色系)	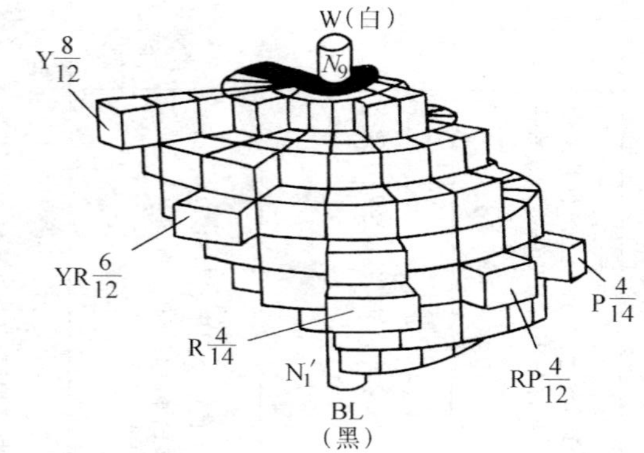	明度值分为 0~10 共 11 个在感觉上等距离的等级	V	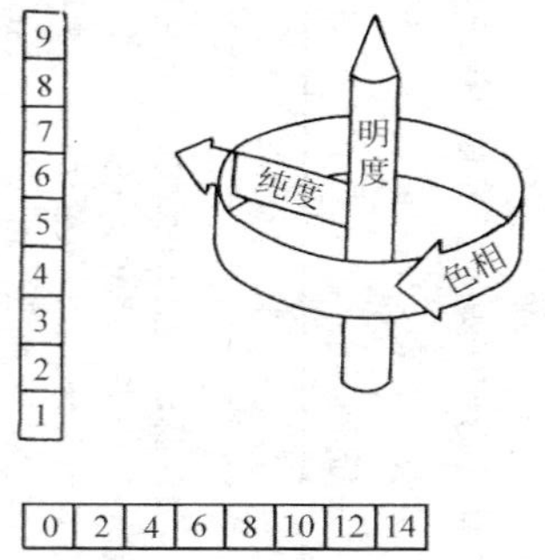	色彩系列的颜色表示为 HV/C(色相·明度值/纯度值),非色彩系列的颜色表示为 NV/(中性色代号·明度值/) 例:10Y8/12 10Y—黄(Y)与绿(GY)的中间色 8—明度值 12—纯度值 该色具有较明亮,并具有高纯度的黄色 例:N5/ 明度值为 5 的中性灰色
		纯度分为视觉感受相等的等级。中央轴代号为 0,其余为 2、4、6、8、10、12、14,逐渐远离中心轴	C		
		色相以红(R)、黄(Y)、绿(G)、蓝(B)和紫(P)5 种为主要色相,再加上其 5 种中间色相:黄红(YR)、绿黄(GY)、蓝绿(BG)、紫蓝(PB)及红紫(RP),上述 10 个色相再等分成十个色相等级,共计为 100 个色相等级	H	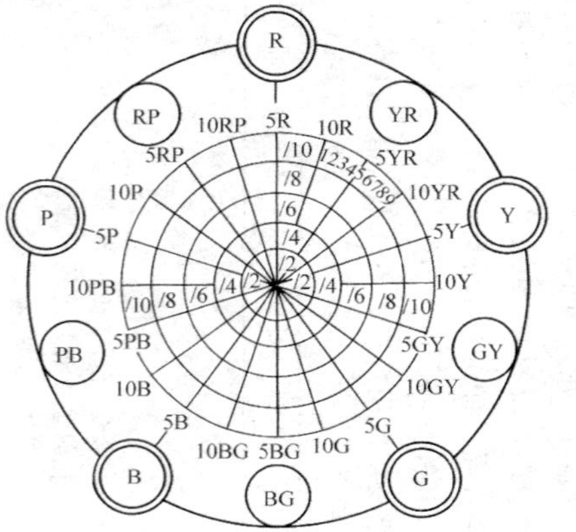	
		中性色(无色彩系列)的颜色	N		

类型	色立体图示	要素等级	要素代号	要素图示	色彩表示方法及举例（续）
奥斯特瓦德色系	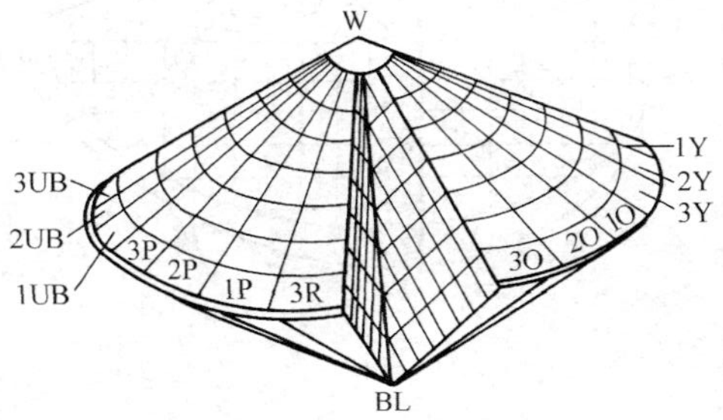	明度值在黑与白之间分为8个等级，a表示最亮的白色，p表示最暗的黑色	以8个等级以a、c、e、g、i、l、n、p表示		所有颜色都是由纯色和白、黑以适当的量混合后构成： 白量+黑量+纯色量=100 标定方法： 色相代号+含白量代号+含黑量代号 例：14pl 14—蓝色相色，查表 p—白量，查表为3.5% l—黑量，查表为91.1% 由前公式计算，可得蓝色纯色量为： 100%-3.5%-91.1%=5.4% 可见此色蓝色少而黑量多，为藏青色
		纯度即由明度轴为等边三角形的一边，再分等，把色相三角形分割成28个菱形，并附以记号，纯度即以含白量和含黑量的不同来表示	以任意两个明度代号组合表示		
		色相以黄、橙、红、紫、蓝、蓝绿、绿、黄绿八个主要色相作为基本色相，再分别把每个色相三等分，构成24个不同色相等级	以1~24的数字为代号		

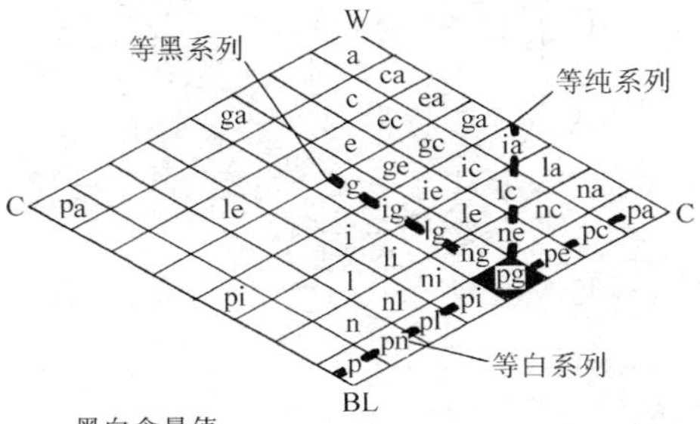

黑白含量值

记号	白量(%)	黑量(%)
a	89	11
c	56	44
e	35	65
g	22	78
i	14	86
l	8.9	91.1
n	5.6	94.4
p	3.5	96.5

（续）

类型	色立体图示	要素等级	要素代号	要素图示	色彩表示方法及举例
日本色彩研究所色系	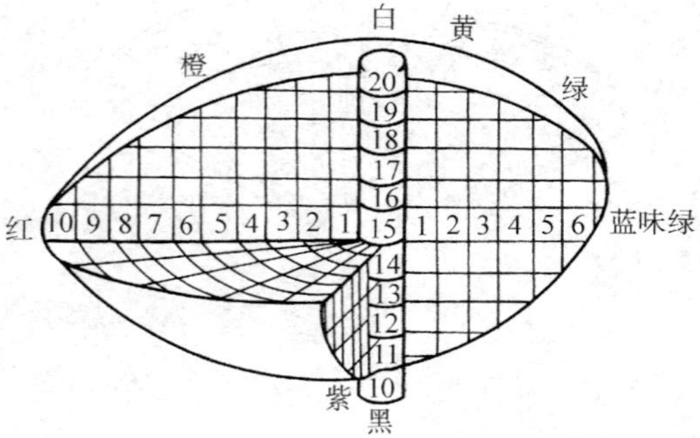	明度以黑为10,白为20,其间分9个等级的灰色,共计11个等级	以10～20的数字为代号	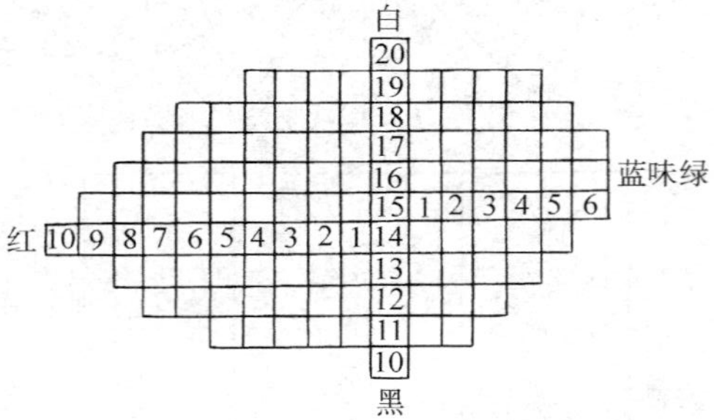	标定方法:色相-明度-纯度 例:12-15-6 12—绿色色相等级 15—明度等级 6—纯度等级 该色为绿色的纯色
		纯度分成视觉感受上相等的等级,中央轴为0,其余为1～10的等级,逐渐远离中心	以1～10的数字为代号		
		色相是以红、橙、黄、绿、蓝和紫6个主要色,相为基础,中间再调配成中间色相,构成24个色相级	以1～24的数字为代号		

表 42.2-15　工业设计中常用的色彩体系及应用领域

名称	定　　义	应　　用
PANTONE	PANTONE 色卡配色系统(中文官方名称为"彩通")是享誉世界的涵盖印刷等多领域的色彩沟通系统,已经成为事实上的国际色彩标准语言。作为全球公认并处于领先地位的色彩资讯提供者,彩通色彩研究所同时成为全球最具媒体影响力的重要资源	工业产品、平面设计、纺织家具、色彩管理、户外建筑和室内装潢等领域
CMYK	CMYK 也称为印刷色彩模式,顾名思义就是用于印刷的色彩模式。印刷四分色模式是彩色印刷时采用的一种套色模式,它是利用色料的三原色混色原理,加上黑色油墨,共计四种颜色混合叠加,形成所谓的"全彩印刷"。四种标准颜色是:Cyan,C=青色,又称为"天蓝色"或是"湛蓝";Magenta,M=品红色,又称为"洋红色";Yellow,Y=黄色;Key Plate(pblack),K=定位套版色(黑色)	与印刷相关的行业
RGB	RGB 色彩模式是用于屏幕显示的一种色彩标准,是通过对红(R)、绿(G)、蓝(B)三个颜色通道的变化以及它们相互之间的叠加而得到各种色彩。RGB 即代表红、绿、蓝三个通道的颜色,这个标准几乎包括了人类视力所能感知的所有颜色,是目前运用最广的色彩系统之一。	以屏幕显示为载体的相关界面设计,如网站、App 等,在互联网+时代应用广泛

4.3　常用色彩术语（见表 42.2-16）

表 42.2-16　常用色彩术语的定义（或含义）及特性

名　　称	定义（或含义）及特性	图　示
原色	构成所有色彩的基本色称为原色。颜料中的三原色为红、黄、蓝。但是,不是所有的颜色都能由三原色调配出来,白色以及某些颜色受颜料材料的性质、色素含量及混合要素性质变化的影响,不能由三原色调配出来	
间色 (二次色)	由两种原色调配成的颜色	
复色 (三次色、再间色)	由两种以上间色调配成的颜色。因复色含色素多,其纯度低,为灰性色	
补色	在基础色相环中互相对应的色彩关系称为补色。它在色环中为 180° 的对应关系,它们之间的色彩对比效果最为强烈	
对比色	在色相色环中某色与相对应色为 120° 的对应关系,即形成对比。由于它们之间的色相差较大,对比效果略次于补色,但仍较为强烈	
调和色 (类似色)	在色相色环中相邻为 60°~90° 之间的颜色称为调和色。由于色相接近,差异较小,对比效果减弱,感觉较柔和	
消色	非色彩系列的黑、白、灰色称为消色。消色无色别之分,仅有明暗差别,又称为中性色	
极色	消色中的黑、白两色称为极色	
光泽色	具有金、银、铬等金属光泽的颜色称为光泽色。也为中性色	
色调	色彩配置的总倾向与色彩气氛。色调以色性来分,有暖调与冷调;以色相来分,有不同的色相调子;以明度来分,又有不同明度等级配置的明度调子,如高明调、中明调和低明调等	
色域	某颜色配置时占有的位置及面积大小,其对配色效果均有较大的影响	
色温	有色光线的温度。包含蓝色光线越多,则温度越高,色温也越高。色温单位是 K	

4.4　色彩设计的指导性原则（见表 42.2-17）

表 42.2-17　色彩设计的指导性原则

原　则	要 点 内 容	原　则	要 点 内 容
合理选择产品的色调	色调主要依据产品功能、工作环境、用户要求等因素确定 色调应符合产品的外观形态特征、功能特点及人的生理、心理要求 色调应新颖美观,符合时代的审美要求,又不能艳丽刺目	色彩配置应符合美学原则	色彩配置应注意色域的大小与合理分割,达到比例协调 配色应达到色视觉均衡与稳定的效果 产品色彩应有整体感,在不破坏整体效果的同时应有适当变化,取得既协调又对比的统一变化效果 配色必须注意重点突出,注意节奏韵律感

（续）

原　则	要 点 内 容	原　则	要 点 内 容
应符合产品功能特点和外形结构特征	色彩应按产品的工作性质、环境和外部色彩的功能作用选择 大型设备不宜单用明度高的浅色,色度应适宜以加强稳定感	配色应具有时代感	配色应根据不同时代人们审美观点的变化而变化,选择相应时代人们特别喜爱的颜色 应用色彩表现时代风貌和科学技术与文化艺术的新成就
色彩配置应满足视觉生理平衡	配色不宜过亮、过暗、模糊不清和色相单调,这样易使视觉产生疲劳和厌烦 应达到的总效果是中间灰的色彩效果,但又有小面积的艳丽色彩,以引人注目	应考虑色彩涂装工艺的合理性	色彩涂装应符合实际可行的工艺条件和经济性 配色形式及方法应使涂装操作方便、效果良好
应根据地区的色彩爱好与禁忌,以及气候条件,选择适宜的配色	在寒冷工作环境下,以暖色调为好,以增强使用者的亲近感,反之宜用冷色调 适应地区的色彩爱好,避免禁忌的色彩配置	应注意色质并重	配色应充分利用产品自身加工表面和特殊工艺处理后的色质效果来丰富造型色彩 同一材料可选择不同的加工方法和涂装方法以获得不同的色质效果,增加造型色彩的变化
		合理应用极色与光泽色	极色与光泽色易与其他色彩协调,常作为过渡、衬底与装饰色彩,起统一色彩的作用 不宜大面积和过多地应用光泽色,以免引起耀眼的刺激而使操作者视觉疲劳

4.5　色彩配置的方法与效果

4.5.1　色相调和法

色相调和法指在配置色之间的明度差和纯度差适当变化的情况下,以色相为中心来评定配色效果的调和与对比关系的方法。色相调和配色关系及效果见表42.2-18。

4.5.2　明度调和法

明度调和法指在配置色之间的色相相同（或相近）的情况下,以明度关系构成的色调效果来评定调和配色与对比关系的方法。明度调和配色关系及效果见表42.2-19。

表 42.2-18　色相调和配色关系及效果

配色数目	配色性质	图　例	角度关系	间隔关系	配色效果	备　注
二色配置	同一色相	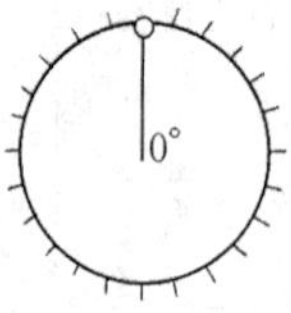		将同一色相的明度、纯度变化形成浓淡组合	成为极雅致且具有统一感、温柔感的配色,感觉安定但单调	—
	类似色相	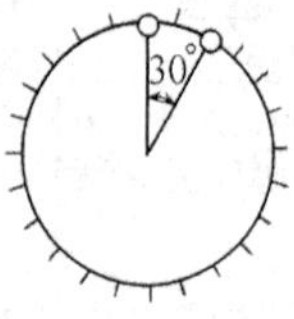	30°	2间隔	得到稳定、温和、素雅和连续的效果,但有平淡之感	—
	邻近色相	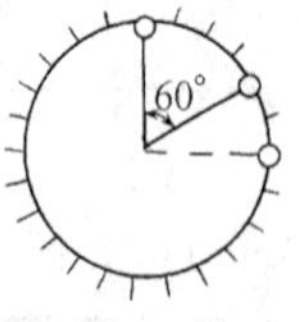	60°	4间隔	具有沉着、镇静、统一柔和感,易得到鲜明温润、甜美的魅力效果	—
			90°	6间隔	易产生不爽快的感觉,因此要注意明度与纯度的对比关系,才能得到较好的效果	
	中间色相	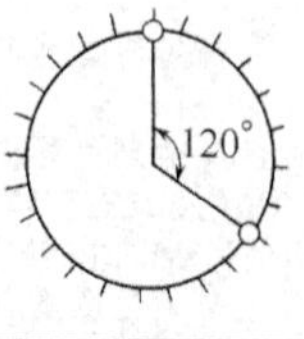	120°	8间隔	既有变化又有一定程度的调和统一感,易得到自然明快、新颖、生动和活泼的色感效果,若改变明度则更显柔和、明快和轻松	—

（续）

配色数目	配色性质		图例	角度关系	间隔关系	配色效果	备注
二色配置	对比色相	近似补色	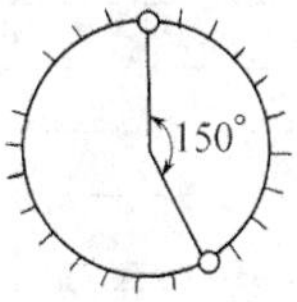 150°	150°	10 间隔	得到较强烈的对比效果,有丰富、鲜明、饱满和刺激的感觉	面积不宜对等,宜适当改变明度和纯度
		补色	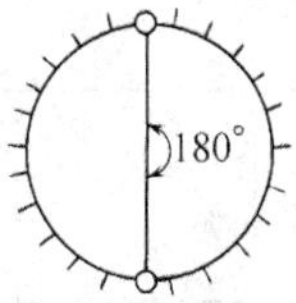 180°	180°	12 间隔	产生强烈的对比效果,具有明亮、热烈、响亮、饱满、辉煌、醒目和刺激的效果,适当改变明度、纯度可获得既对比又柔和、朴素的感觉	
三色配置	90°内三色		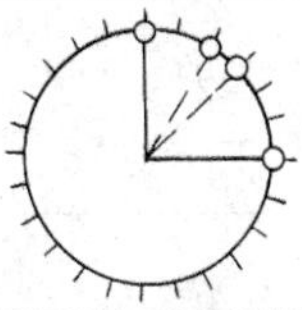	45°与45°	3:3	易产生不爽快、枯燥及厌恶的感觉,一般配色效果较差	减弱90°关系的对比,使配色柔和效果较好
				30°与60°	2:4		
	120°内三色		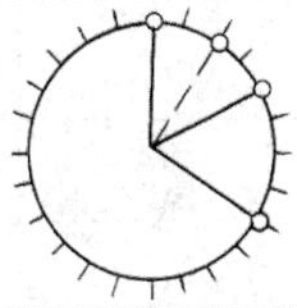	30°与90°	2:6	易得到统一、鲜明的调和效果	若改变明度变化,更易获得柔和明快的感觉
				60°与60°	4:4		
	180°±30°内三色		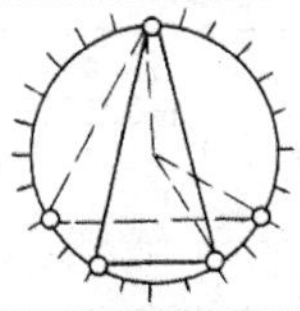	60°与120°	4:8	既有对比又有和谐感,可得到鲜明饱满、爽朗和热情的效果	应注意加强一色的对比,减弱另一色的纯度,效果更好
				120°与30°	8:2		
				120°与90°	8:6		
	互为120°三色		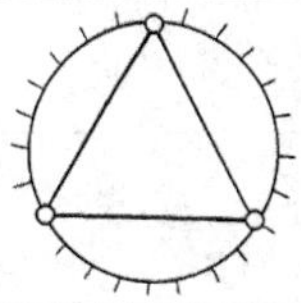	120°与120°与120°	8:8:8	能获得有变化的调和,具有圆满轻快、欢乐的感觉	若改变明度、纯度,能取得温顺、清晰和洁净的效果
四色配置	180°±30°内四色		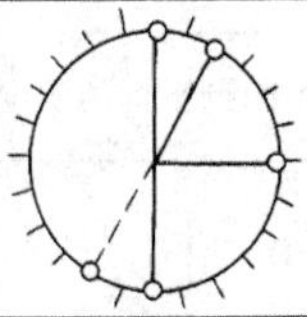	30°与60°与90°	2:4:6	具有鲜明、爽快的调和感,对比调和关系自然而爽快,一般配色效果较好	注意减弱90°关系色相间的对比
				30°与60°与120°	2:4:8		
	相距60°四色		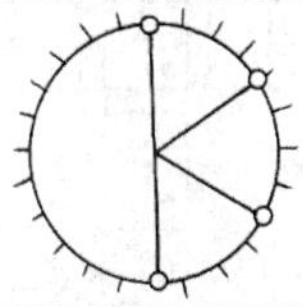	60°与60°与60°	4:4:4	效果大致同上,但不够自然	注意纯度与明度的变化以及面积大小的差异
	相距90°四色		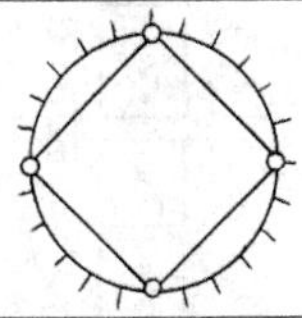	90°与90°与90°与90°	6:6:6:6	能获得强力、明快和兴奋的效果	注意纯度与明度的变化以及面积大小的差异
	夹角60°的两对补色		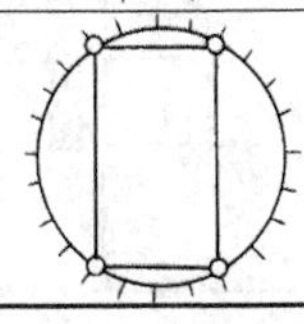	60°与120°与60°与120°	4:8:4:8	产生既有对比,又有调和感的鲜明、刺激和爽快的效果	

表 42.2-19　明度调和配色关系及效果

色调名称	底色	组合间隔	配色举例		配色效果
高明基调		W、HL、L 的明色组合		—	优雅纯洁的明亮调子
中明基调		LL、M、HD 的中明色组合		—	抑制性的高尚调子
低明基调		D、LD、B 的暗色组合		—	暗黑的沉静调子
高长调	以高明基色为底色	一色为五段以上间隔的暗色,另一色为三段以下间隔的明色	1/9 | 8	以 HL 为底,上配 W 和 B	明快、爽朗、有积极气氛
高短调		一色为五段以下间隔的暗色,另一色为三段以下间隔的明色	5/9 | 8	以 HL 为底,上配 W 和 M	微妙、轻拂、有柔和气氛
中间长调	以中明基色为底色	一色为五段间隔的明色,另一色为五段间隔的暗色	1/9 | 5	以 M 为底,上配 W 和 B	鲜明,形成强烈对比的配色
中间短调		一色为三段间隔的暗色,另一色为三段间隔的明色	3/7 | 5	以 M 为底,上配 L 和 D	柔和,形成不强烈的配色
中间高短调		一色为五段间隔的明色,另一色为三段间隔的明色	7/9 | 5	以 M 为底,上配 W 和 L	淡雅、稍有明亮气氛
中间低短调	以中明基色为底色	一色为五段间隔的暗色,另一色为三段间隔的暗色	3/1 | 5	以 M 为底,上配 D 和 B	微暗气氛
低长调	以低明基色为底色	一色为五段以上间隔的明色,另一色为三段以下间隔的暗色	1/9 | 2	以 LD 为底,上配 W 和 B	形成庄重、威严的气氛
低短调		一色为五段以下间隔的明色,另一色为三段以下间隔的暗色	1/5 | 2	以 LD 为底,上配 M 和 B	形成压抑、忧郁的气氛

表中:代号及配色举例　　　　　　　　　　　　　　　　　　　　　　　配色举例的明度位置
　　　明度等级及代号

等级	代号	名称	基调
白			
9	W	白	高明基调
8	HL	高明	高明基调
7	L	明	高明基调
6	LL	中明	中明基调
5	M	低明	中明基调
4	HD	低暗	中明基调
3	D	暗	低明基调
2	LD	高暗	低明基调
1	B	黑	低明基调
黑			

配色举例的明度位置:
9 W
[1/9]8　8 HL　[5/9]8
7 L
6 LL
[1/9]5　5 M　[7/9]5　[3/7]5
4 HD
3 D
[1/9]2　2 LD　[1/5]2
1 B

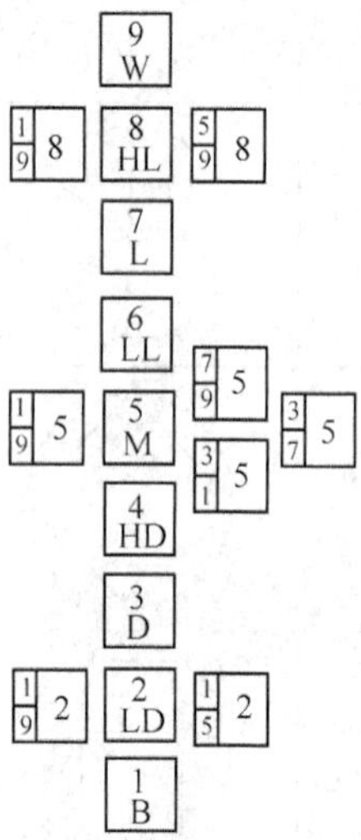

4.5.3　纯度调和法

纯度调和法是指配置色之间在一定的纯度区间内，以纯度倾向不同构成的色调效果来评定配色调和与对比的关系。纯度调和配色关系及效果见表 42.2-20。

4.6　色彩功能与应用（见表 42.2-21、表 42.2-22）

表 42.2-20　纯度调和配色关系及效果

纯度名称		组合范围	配色举例	配色效果
纯度列	1/4 纯度列（纯度基调）	1/4　组合 1/4 纯度范围内的色	—	形成感觉非常弱的配色
		1/2　组合 1/2 纯度范围内的色	—	形成具有稳定沉静感的配色
		3/4　组合 3/4 纯度范围内的色	—	形成强烈的配色
		纯色　组合纯色	—	具有极强烈感的配色
	1/2 纯度列	整个纯度范围的 1/2 区间内的配色	1/2 纯度色与 1/4 纯度色配置	得到中间对比的纯度效果
			1/2 纯度色与 3/4 纯度色配置	
			3/4 纯度色与纯色配置	
	3/4 纯度列	整个纯度范围的 3/4 区间内的配色	1/4 纯度色与 3/4 纯度色配置	得到强烈对比的纯度效果
			1/2 纯度色与纯色配置	
	全纯度列	整个纯度范围区间内的配色	1/4 纯度色与 3/4 纯度色再与纯色配置	得到极强烈对比的纯度效果
			1/4 纯度色与 1/2 纯度色再与纯色配置	

注：不同纯度列的划分范围见下图。

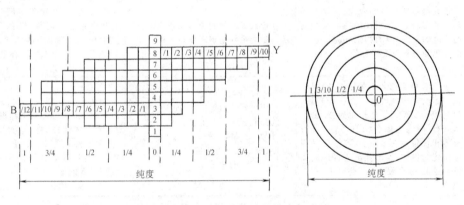

纯度　　　　　　纯度

表 42.2-21　色彩的知觉效应与应用

知觉效应	含　义	应用目的与方法	应用示例
冷暖感	色彩本身没有冷暖，色彩的所谓"冷"与"暖"概念是物体色彩互相对比出来的色彩关系，是由于人们在自然现象中得到的色彩印象而引起的联想作用，从而产生了"冷""暖"概念	可依据产品使用的环境选择冷暖不同的颜色，应用色彩的冷暖关系创造一个适宜操作的工作对象和环境	如在寒冷地区使用的产品宜用暖调子的色彩，以增强环境的温暖感；而在热带及高温工作条件下宜用清凉爽快的冷色
轻重感	色彩本身没有轻重之分，由于色彩的明度不同，使人感觉不同明度色彩的轻重就有差别。明色（浅色）感觉轻，暗色（深色）则感觉重	在产品的色彩方案设计中，可应用色彩的轻重感来加强产品形体的稳定感或轻重感	例如，为使产品改变头重脚轻的压抑与不稳定感，可将下面基础部分涂装为深色，以给人一种上轻下重的稳定感
胀缩感	色彩的胀缩感是指色彩在对比过程中，某些色彩的轮廓给人以胀大或缩小的感觉，这主要是由人生理上的一种光渗错觉而造成的。一般说来，暖色、亮色的感觉是胀，而冷色及暗色则有收缩的感觉	利用色彩的胀缩感，可在色彩配置时调节色彩的面积对比关系和尺度大小，达到人对色彩面积的等同感	例如，产品上明色与暗色并列配置，又要求有等同感时，宜将明色的尺寸适当缩小，或适当扩大暗色的面积，以免造成亮色面积过大的不等同感觉

（续）

知觉效应	含　义	应用目的与方法	应用示例
进退感	色彩的"进"与"退"是指色彩在对比过程中使人产生的对不同颜色在距离感觉上出现的差异。一些颜色感觉距自己近，而另一些颜色感觉距自己远，这实际是色彩对比过程中的"隐""显"反映，不同背景条件下，同一颜色的"进""退"感觉是不相同的。对比强烈的色"进"，弱色"退"；暖色使人感到"近"，冷色感到"远"	利用色彩的进退感可在产品的色彩配置设计中处理和调节造型的均衡与稳定感，调节主从关系和虚实关系	如产品上的标志、标牌及有关指示装置等的颜色设计，应注意选择适当的背景色和产品的主体色，使之引人注目、易辨
软硬感	色彩本身无软硬，但色彩是物质质感的一种表现。色彩柔和感觉是软，色彩明度与纯度对比较强者感觉为硬。一般说来，明浊色柔软，纯色和暗色坚硬，明清色和暗浊色居中	利用色彩的软硬感可以增强产品形体的力学效果和表面质感效果	如产品中表现质地坚硬者，宜用纯色或暗清色；体现质地柔和、亲切者，则宜用带灰调子的中明度色彩
明暗感	色彩要素本身就有明暗性质，因此给人以明暗感，但这种感觉与明度有关，又不完全对应于明度；相同明度等级的不同色相的颜色，其明暗感觉则有不同	利用色彩的明暗感配色设计时，首先应恰当地选择色相，表现色调气氛；再利用不同的明暗配合可得到不同的明度调子（高调、中间调、低调、长调和短调等）	产品中表现不同的色调气氛和对比关系及形态或机件的隐显关系，可利用色彩的明暗感觉达到要求的效果
质感	色光是材质特性的表现，而质又是色光的表现条件，因此色彩表现必附有质地的反映，两者相依相存。色彩的质感与色彩三要素有关	合理选择不同的色彩关系配色，可从视觉上更好地表现质感效果	产品中表现形态的轻重及质地的坚硬与轻盈，可运用不同色彩的配置关系达到。明色、轻色及弱色给人细润、圆润、丰满的感觉；而暗色、重色给人以粗糙、淳朴和坚实的感觉
知觉感	颜色的知觉感指色彩在人的知觉上引起反应的强弱程度。一般来说，暖色和明度高的颜色知觉感强，易引起兴奋；冷色与暗色知觉感弱，具有沉静和忧郁的感觉。知觉感是以明暗对比为主体，但又伴随着纯度的高低和色相的冷暖，而产生不同的知觉感	利用色彩的知觉感，可使人获得适宜的知觉反应，产生良好的心理状态；同时对于需要引人注意的机件和图形，选用知觉感强的色彩才能达到感知反应快的效果	如在产品色彩设计时，对于需要引人注意的产品（如工程机械、救火车、救护车等）部件（如外露的转动件、移动件）、零件（如指示件、操作件等）常用知觉感特别强的高纯度或高明度色彩

表 42.2-22　色彩联想的象征与心理感觉

色名	抽象联想		象征含意		产生的心理感觉
	青年	老年	褒义	贬义	
红	热情、革命	热烈、吉祥	活力、光辉、积极、刚强、欢乐、喜庆、胜利	危险、灾害、爆炸、愤怒	兴奋、引人注意、产生紧张感
橙	热情、温暖、愉快、明亮	甜美、堂皇、欢喜	热情、光明、辉煌、向上		引起人烦恼、焦躁和注意
黄	明快、希望、泼辣、温柔、纯净、轻快、甜美	光明、明快、丰硕、轻薄	光明、富有、忠义、高贵、豪华、威严	枯败、没落、颓废	丰硕感、香酥感、也给人以病态感
绿	青春、少壮、永恒、理想	希望、公平、新鲜	生长、和平、复苏、欢乐、喜悦、春天、成长、活泼、希望、生命		具有宁静、新鲜的感觉
蓝	无限、理想、永恒、理智	冷淡、薄情、平静、悠久	宁静、深远、和平、希望、诚实、善良	悲凉、贫寒、凄凉	具有平静安祥的感觉

（续）

色名	抽象联想		象征含意		产生的心理感觉
	青年	老年	褒义	贬义	
紫	高贵、古朴、高尚、优雅	古朴、优美、高贵、消极、神秘	庄严、奢华、高贵	阴暗、悲哀、险恶、苦毒、恐怖、荒淫、丑恶	忧郁感、不安与消极感
白	清洁、纯洁、神圣	洁白、神秘、衰亡	朴素、纯真、高雅、光明、真实、洁净	寒冷、苍老、衰亡	—
黑	死亡、刚健、悲哀、坚实	严肃、阴郁、绝望、死亡	庄严、肃穆、沉重、坚固	绝望、死亡	—
灰	忧郁绝望、阴郁	沉默、荒废	温和、沉闷、平淡、忧郁	空虚、悲哀	—

4.7 色彩的好恶（见表 42.2-23）

4.8 主体色的数量与配置方式（见表 42.2-24）

注意品牌设计中的色彩计划要求，主体色及配置关系应满足产品识别系统的标准色与应用系统要求。

表 42.2-23 不同地区与部分国家对色彩的爱好与禁忌

洲别	部分国家与地区	爱好的颜色	禁忌的颜色	洲别	部分国家与地区	爱好的颜色	禁忌的颜色
亚洲	中国	红、黄、绿	黑、白	欧洲	挪威	红、蓝、绿、鲜明色	
	港澳地区	红、绿、黄、鲜艳色	黑、灰		瑞士	红、黄、蓝	
	韩国	红、绿、黄、鲜艳色	黑、灰		丹麦	红、白、蓝	
	印度	红、绿、黄、橙、蓝、鲜艳色	黑、白、灰色		荷兰	橙	
	日本	柔和色调	黑、深灰、黑白相间		奥地利	绿	黑
	马来西亚	红、橙、鲜艳色	黑		捷克	红、白、蓝	
	巴基斯坦	绿、银色、金色、鲜艳色	黑		斯洛伐克		黑
	阿富汗	红、绿	—		罗马尼亚	白、红、绿、蓝	蓝
	缅甸	红、黄、鲜明色			瑞典	黑、绿、黄	黑
	泰国	鲜艳色	黑		希腊	绿、蓝、黄	
	土耳其	绿、红、白、鲜明色			意大利	鲜明色	—
	叙利亚	青蓝、绿、白	黄		德国	鲜明色	
	沙特阿拉伯	绿、深蓝、红白相间	粉红、紫、黄	北美洲	美国	无特别爱好	
	伊拉克				加拿大	素静色	
	科威特				墨西哥	红、白、绿	
	伊朗				古巴	鲜明色	
	也门				尼加拉瓜	—	蓝白平行条状色
	埃及	红、橙、绿、青绿、浅蓝、明显色	暗淡色、紫色				
非洲	贝宁	—	红、黑	南美洲	阿根廷	黄、绿、红	黑、紫、紫褐相间
	博茨瓦纳	浅蓝、黑、白、绿			哥伦比亚	红、蓝、黄、明亮色	
	乍得	白、粉红、黄	红、黑		秘鲁	红、红紫、黄、鲜明色	
	利比亚	绿	—		圭亚那	明亮色	
	毛里塔尼亚	绿、黄、浅淡色	—		委内瑞拉	—	红、黄、蓝
	摩洛哥	绿、红、黑、鲜艳色	白				
	尼日利亚		红、黑				
	多哥	白、绿、紫	红、黄、黑				
	其他	明亮色	黑				

表 42.2-24 产品主体色的数量与配置方式

主体色配置数量	配置方式	配置要点与特征	图例
一套色（一个主体色）	—	色调纯朴，能给人以简洁、朴素和大方的感觉，易与环境色彩协调	

（续）

主体色配置数量	配置方式	配置要点与特征	图　　例
二套色 （两个主体色）	上下分色	上下两色配置应注意调和,既分清主次,突出色主调,又要对比适当。色阶不可太近,以免含混;但对比太强,易造成上下割裂。一般应按上浅下深,以取得上轻下重、加强稳定感的效果,但色域面积不宜对等	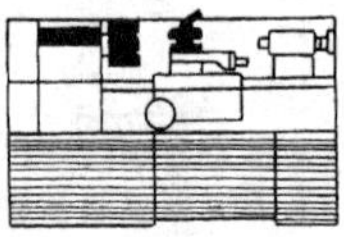
	左右分色	左右分色能改变造型物的尺寸比例视觉效果,使造型物显得高耸挺拔,并能增强形体色彩的立体效果,但应注意色彩的整体均衡效果,以免引起造型物出现倾倒感觉	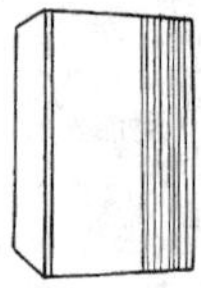
	综合分色	主体二套色可同时形成上下、左右分色。这种交错的二色配置使色彩变化丰富,同时造成立体感强的视觉效果。应用时要与造型的外部结构相吻合,且适宜造型形体简洁和较规整的造型	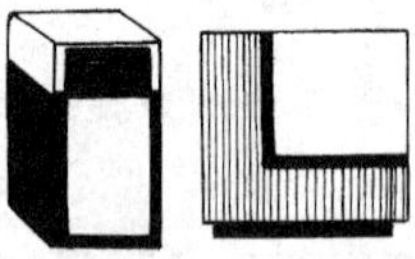
	中间色带	中间色带是主体一个色,形成上、下一致,中间出现一分割色带。这种配置使整体色调简洁,中间色带又有统一整体的作用,一般中间色带宜与主体色的色调一致,不至于产生割裂感。但当产品长宽比例不当时,可用对比较强的中间色带对整体进行形体分割,这样可改变形体比例感觉,使之和谐	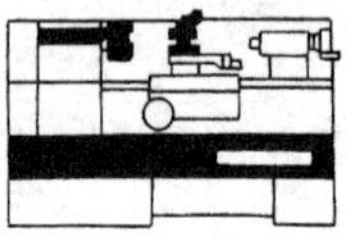
	主辅机分色	在由多件组成的系统中,主辅机可选用不同而协调的两个色彩,但最好两色配置有一定的呼应效果,这样可达到整体色彩丰富,突出主机的效果	—
	局部分色	整体为一个色,而个别突出的零部件上采用另一种鲜艳明朗的颜色,这样能突出重要的零部件及视觉中心区,同时活跃产品的色彩效果	—
三套色 （三个主体色）	上下协调、中间对比配置	采用三套色配置较难,容易造成色彩纷乱、整体感不强、施漆工艺复杂。一般宜上下采用对比弱而近似的颜色,中间采用不同色相和明度较高或较鲜艳的颜色与上下调和,这样配置易取得既统一,又有变化的视觉效果	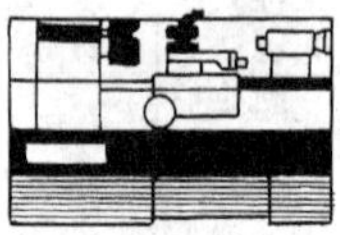
	正面协调、侧面对比配置	三套色中两个较协调的色配置于正面,而侧面配置与上两色有较强对比的第三色,这样易取得和谐并增强造型体的色光立体感	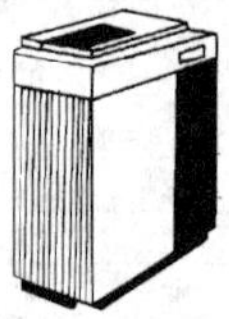
	三色渐变配置	三套色按产品的结构特点,形成明度渐变的配置。因三色色相较近,易形成有节奏的变化关系,取得较好的色彩效果	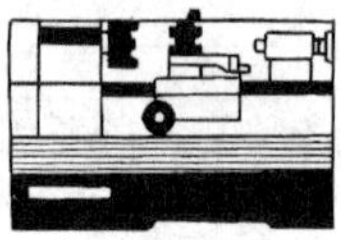
	三色交错配置	为丰富色彩与形体的造型变化,对于造型形体简单的产品,可将既有协调关系又有对比关系的三个色,在正面和侧面之间形成交错配置,可取得色彩变化强烈和增强造型立体感的效果	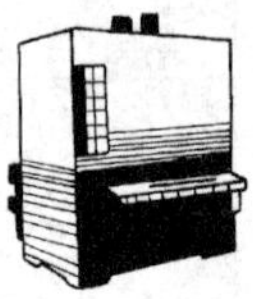

4.9　色彩与材质的情感联想及应用方法（见表 42.2-25、表 42.2-26）

在机械产品设计中，色彩与材质是相伴相生的两

个关键要素。脱离了材质承载的色彩表达是不准确的，甚至是有歧义的。现在设计界正在推出的 CMF（Color Material Finishing）系统，即色彩、材质、工艺的综合研究方法，广泛应用于各个设计领域。

表 42.2-25　机械产品常用色系

色　系	基本工艺	色彩感觉	适用产品类型	面　　积
黑白灰无彩色系	喷漆、烤漆、喷塑、注塑	冷静、高效、无差错	机床、仪器仪表、电子产品	大面积
金属色系	拉丝、抛光、电镀等	高贵、精密、高技术	仪器仪表、精密仪器、机械机芯	小面积,点缀色
中黄色系	喷漆、烤漆、喷塑、塑料注塑	明亮、欢快、醒目工程感、警醒感	工程机械、检测仪器、日用电子产品、电动工具、手工具	与黑白灰配合,中等面积,点缀色
橙色系	喷漆、烤漆、喷塑、塑料注塑	温暖、亲切、热情、开朗工程感、亲切感	检测仪器、电动工具、手工具、日用品	与黑白类配合,中等面积,点缀色
红色系	喷漆、烤漆、喷塑、塑料注塑	火辣、热情、奔放、醒目点缀感、醒目感	电动工具、手工具、农机	与黑色灰配合,中小面积,点缀色
蓝色系	喷漆、烤漆、喷塑、塑料注塑	沉静、安全、稳定	机床、农机、电动工具、手工具	与黑白灰配合,中等面积
绿色系	喷漆、烤漆、喷塑、塑料注塑	平静、安定、平和	农机、电动工具、手工具	与黑色灰配合,中等面积
紫色系	喷漆、烤漆、喷塑、塑料注塑	高贵、雅致、神秘	手工具、精密仪器	高明调,与黑白灰配合,中小面积,点缀色

表 42.2-26　材质对色彩感觉的影响

材质	加工工艺	表面肌理		材质感	对色彩感觉的影响
金属	钣金、模压、冲压	抛光	平滑反光	精巧、细致、高科技、价值高	—
		拉丝	反光	精密、高科技	—
		喷塑	亚光	沉静、柔和	柔和、温暖
	砂型铸造	粗糙的		厚重、沉稳、结实	明度纯度下降,色彩感觉变暗、变暖、变重、变硬
	精密铸造	稍粗糙的、不光滑的		牢固、耐久、稳定、精密	明度纯度略下降,变暗,更结实,更厚重
工程塑料	抛光模具注塑	平整光滑、反光		轻巧、张扬、脆弱、廉价	明度彩度提高,鲜艳明亮,高光强烈、偏冷
	喷砂模具注塑	亚光		柔韧、温暖、雅致、低调、内敛	色彩柔和,灰度稍增加,偏暖
	电镀	光滑、反光		精致、明亮、轻浮	—
透明塑料	透明塑料	光滑		精致、透明、轻	弱化色彩
	半透明塑料	光洁		精致、淡雅、柔韧	彩度下降、色彩层次增加
玻璃	透明玻璃	平整光滑、反光		透明、易碎	弱化色彩
	半透明玻璃	光滑、朦胧		精致、神秘	色彩层次增加
木材	原色木纹	可触木纹理		自然、亲切	柔和、温暖的木本色
	改色木纹	木纹理		自然	色彩倾向于柔和、淡雅、深刻
橡胶	—	亚光、柔软		坚韧、柔软、弹性	固有色,灰暗

5　机械产品的装饰手段与表现方法

5.1　机械产品的线条装饰与方法（见表 42.2-27）

5.2　面板设计与工艺选择（见表 42.2-28、表 42.2-29）

表 42.2-27　机械产品的线条装饰与方法

装饰型式	装饰方法	性质和特点	应用举例
明线装饰	铸造凸线	铸出的凸线平直度差,外观效果不好,不宜过多采用。若产品铸件上因结构和工艺要求,必须制作凸线时,在不影响铸件强度和变形的情况下,宜采用较宽的凸线,避免细窄的凸线,以免造成垮砂和形成厚薄不均	—
	冷冲凸线	产品的板件上可以用冷冲的方式制作装饰凸线。一般以折弯的方式形成凸线最为经济方便,外观效果好。如果采用冲模,效果也好,这种凸线一方面可按造型要求设计出丰富的变化,另一方面还有增强板材强度和丰富立面变化及分割联系造型面等作用	若非特别需要,一般采用凹线型式
	注塑凸线	对产品的工程塑料件,可用模具注塑的方式形成装饰凸线,起到保护机体、防止刷蹭、增加强度、便于抓握等作用。恰当运用凸线,可以强化产品结构语义、丰富产品表面肌理、增添产品美感	—
	贴装凸线	在多数情况下,凸线装饰采用特别的装饰条贴装在产品表面上,施工简单,维护方便,能有效隐蔽产品结构缺陷和工艺瑕疵	汽车、仪器等常用贴装的明线装饰
暗线装饰	铸造凹线	若非结构和工艺特别要求,一般不采用凹线。若必须采用,则最好用在分型线部位	一般不采用
	冲压凹线	冲压,包括弯折能形成优美的凹线。凹线可形成丰富的表面光影和肌理效果,装饰美感强。箱型产品在产品组合使用的时候,产品箱体之间不易互相刷蹭,整体感好	广泛用于由金属板材加工而成的机柜设计上
	注塑凹线	注塑产品各部件之间的结合部,一般采用启口型式,装配后形成自然的凹线;特殊部位有意留出的装饰凹线,可增强强度,丰富产品表面造型,提升产品美感。注塑凹线,经过精心的设计可形成整体自然的装饰效果,并同时还可隐藏产品加工工艺的一些瑕疵,为现代设计的主流装饰手法	目前广泛用于各种工程塑料制成品中
平线装饰	涂装平线	采用不同颜色的涂料在机器的某个部位涂装装饰线条,起到色彩对比、过渡和整体统一的作用。此法简便易行,但装饰痕迹明显,装饰效果较差	汽车、机床等产品常用
	粘贴平线	采用不同颜色的高强度装饰纸(背面有压敏胶),以单色或多色粘贴于装饰部位,最后喷置光漆形成透明漆膜,起保护作用。此法方便、省工、省时,且装饰效果好	汽车、摩托车、机床、仪器等产品已广泛使用此法做线条装饰
	密封条	密封条类似于装饰凸线,设计时应注意断面形状,一般需凸出并遮盖闭合的两个结构件的边缘,或内陷结构缝当中形成美观的凹线	多用于密闭容器

表 42.2-28　面板造型设计要点与表现形式

项目	设计内容及方法	图示(或特性)	应 用 图 例
构图要点	面板尺寸宜选用特征矩形(S、φ、$\sqrt{A}$、F等),应用分割法进行面板区划	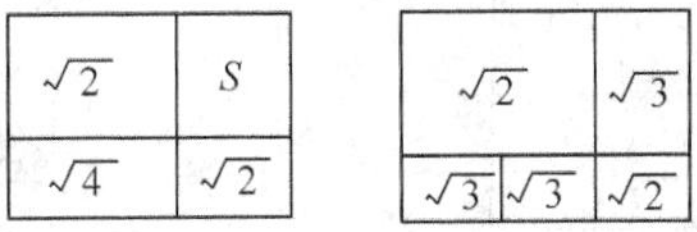	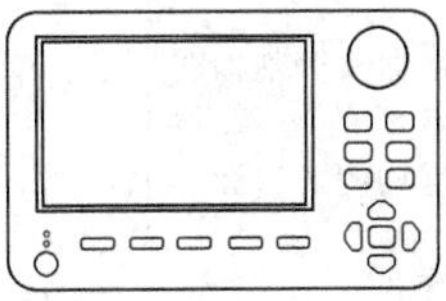
	避免呆板和单调的对称性分割	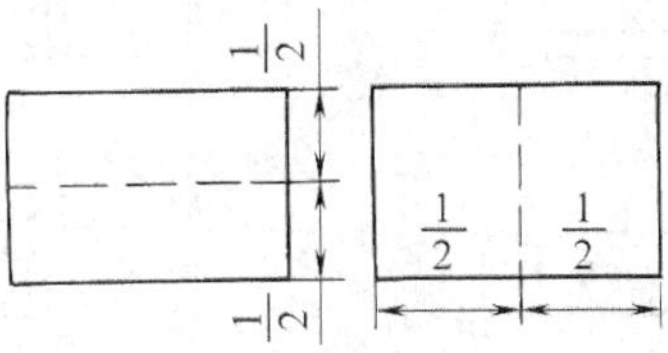	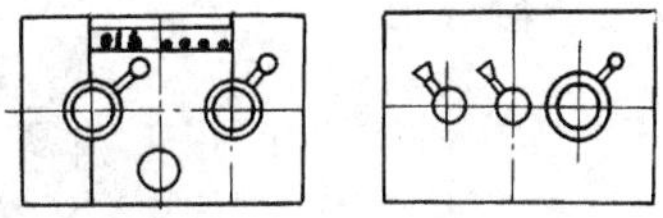
	采用非对称的竖向1/5、横向3/10,或竖横1/3轴线安置图形、操作件等,效果较自然、大方	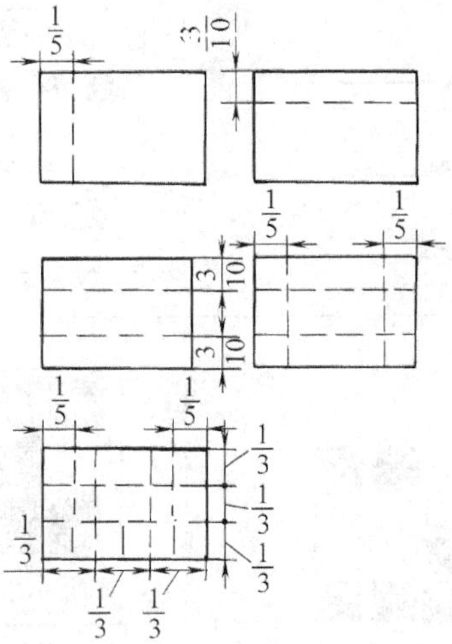	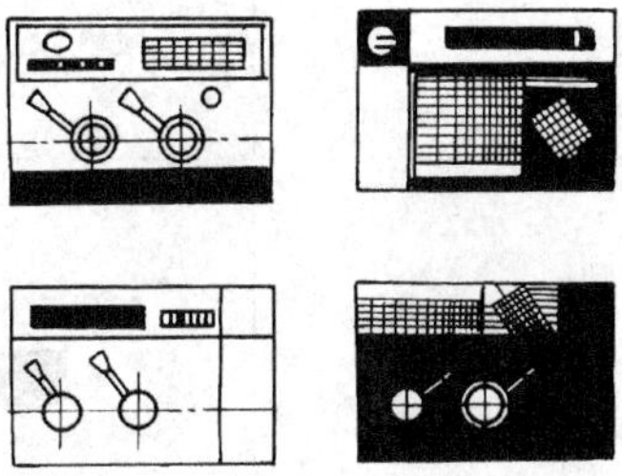
	利用垂直于矩形对角线的二斜线分割,获得面板构图的活跃感	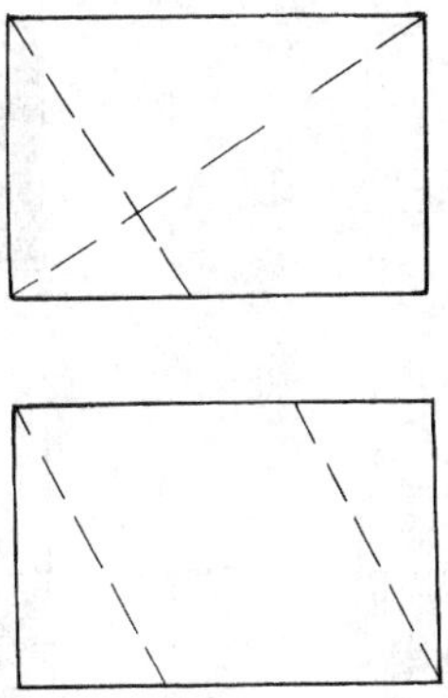	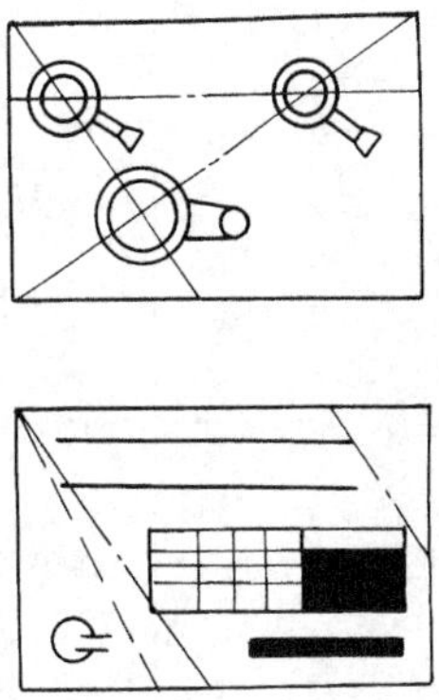

（续）

项目	设计内容及方法	图示（或特性）	应 用 图 例
构图要点	利用曲线分割构图获得活跃的动感,但要注意构图的匀称	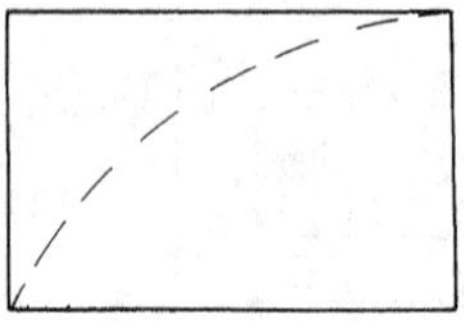	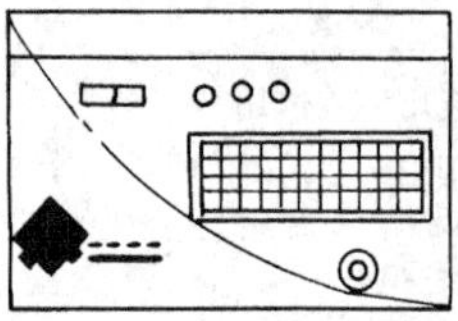
功能性表现形式	以线包围区分	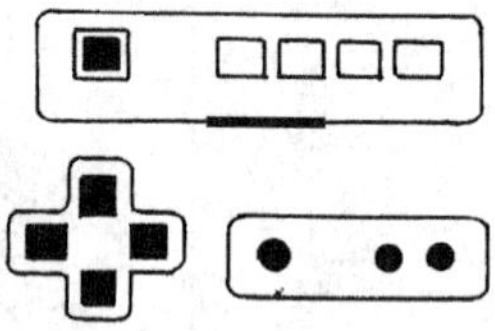	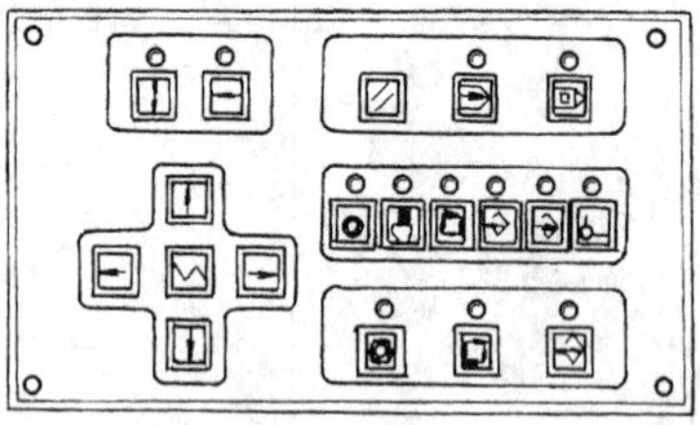
	以括线区分	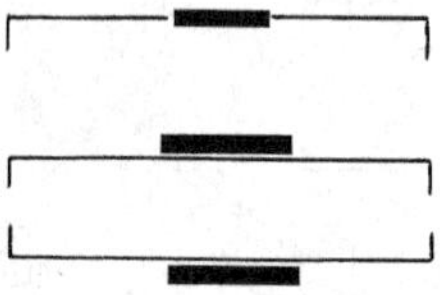	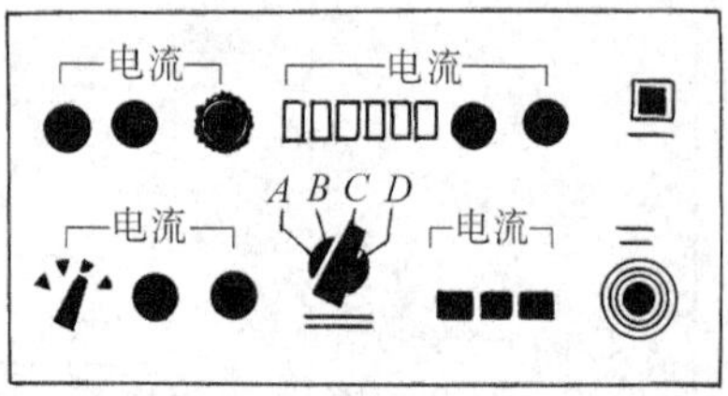
	以空格区分		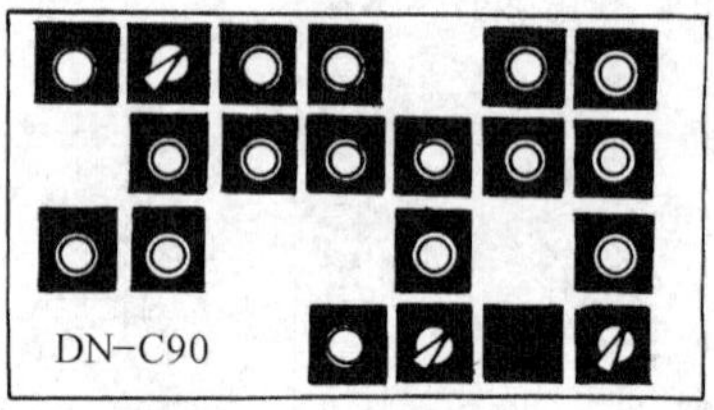
	以隔线区分	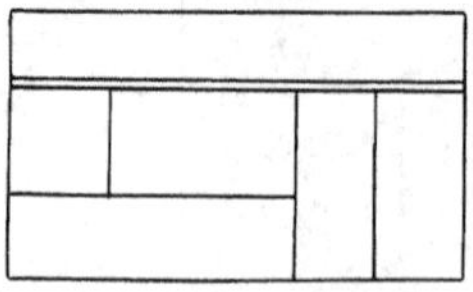	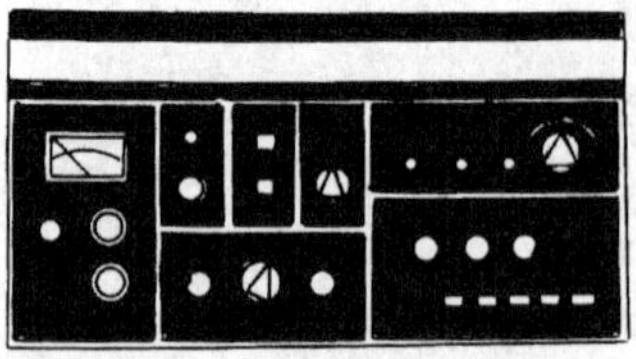
	以色块区分	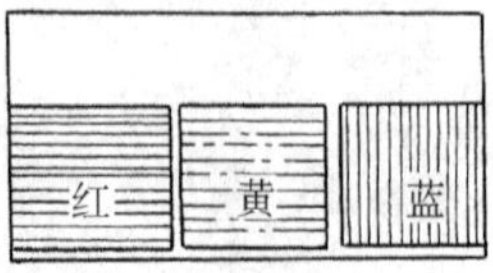	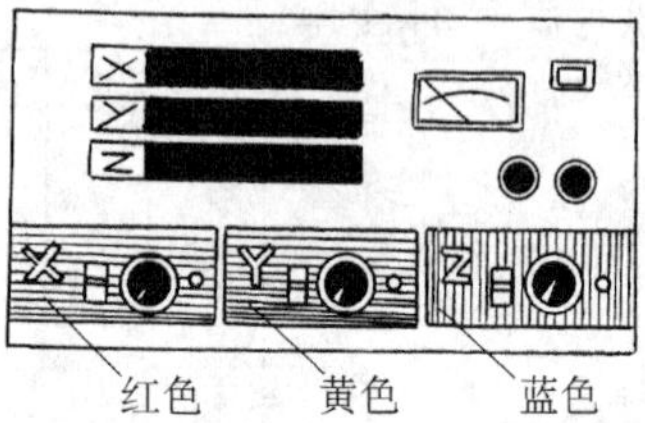

（续）

项目	设计内容及方法	图示（或特性）	应用图例
功能性表现形式	以体面区分	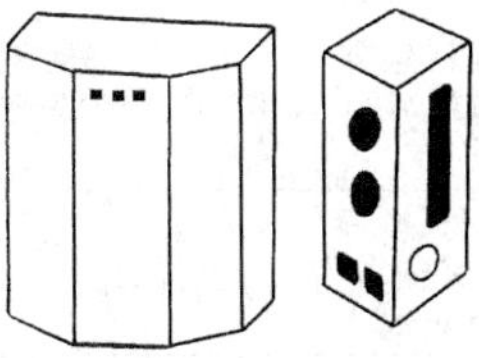	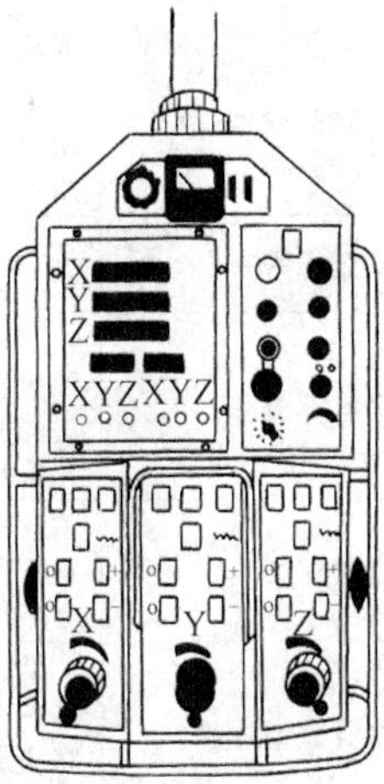
	综合运用	按实际需要选用	—

表 42.2-29　标牌面板类型和工艺方法选择

标牌材料	类型		工艺特点	外观效果	适用范围
铝质标牌	平面氧化标牌		对抛光的铝板进行阳极氧化，经过上胶，用照相版曝光显影，再用活性染料染色烘熔即制成标牌	系平面型，无立体感，但表面色泽鲜艳多样、光亮度高、硬度高，能满足"三防"要求，外观效果好	用于一般机电产品和有防湿热、防盐雾、防腐蚀要求的产品标牌
	平凹氧化标牌	感光型	进行二次平面氧化，形成具有凸凹感的氧化标牌。除具有平面氧化标牌的优点外，还解决了平面氧化因字迹太小和大面积不能漏印加工的缺陷。采用感光方式形成图形文字的称为感光型	稍有凸凹和微度的立体感，表面光泽好，硬度高，能满足"三防"要求，外观效果好	用于一般机电产品和有防湿热、防盐雾、防腐蚀要求的产品标牌
		丝印型	用丝网漏印方式形成图形文字的称为丝印型		
	分散性染料胶印标牌		在抛光的阳极氧化后的铝板上，用分散性染料，采用胶印方法将标牌文字与图形印刷上，然后进行封闭处理，使染料加温后扩散于氧化膜上。此种标牌制作工效高、成本低，耐磨度、耐蚀性、耐晒性能均好，宜大批量制作	文字图案清晰，适于多色套印，色泽丰富、表面光泽度好，外观效果较好	适用于文字图案较复杂、细小、色彩多样的标牌，广泛用于仪器仪表、家用电器等
	铁印油墨胶印标牌		在不经氧化只经光整加工的铝板上，采用铁印油墨胶印出标牌图形与文字，经烘干固结后，再涂刷罩光漆作为保护层，增加其耐气候性、防霉性和表面装饰效果，具有工艺简单、生产率高、色彩多样柔和等特点	外观特点同上，但外观质量较差	适用于文字图案较复杂、细小、色彩多样的标牌，广泛用于仪器仪表、家用电器等
	丝印标牌		在经阳极氧化染色的铝板，或任何涂漆面板上，用照相技术制成的丝网模板上，一次或多次套印文字和图案，获得具有凸字线效果的标牌，印后涂罩光漆可增强附着力，增加保持性。此法设备简单，可手工操作，宜小批量制作	文字图形稍有凸起，宜简单套色，外观效果较好	适宜制作数量少、色彩单一、文字图形较简单的标牌，多用于仪器仪表

（续）

标牌材料	类型	工艺特点	外观效果	适用范围
铝质标牌	喷砂氧化高光标牌	采用凸凹腐蚀工艺后,在凹下部分,先经喷砂处理成点状质地,再氧化染色,在凸起部分再经高速平面加工,形成高光亮面	具有凸凹和质地强烈对比效果,外观雅致	适宜制作尺寸不大的标志或徽章
	喷砂氧化电化学抛光标牌	工艺方法大致同上,仅光亮部分采用电化学抛光处理获得。凹下的文字图形还可上各类色漆	文字图案下凹,表面图形质地对比强烈,不受多色彩限制,宜作装饰用	适宜制作装饰性较强的标牌,用于各类产品
	高光标牌	工艺方法同喷砂氧化高光标牌,仅凹下部分不经喷砂处理	同喷砂氧化高光标牌	同喷砂氧化高光标牌
	旋丝标牌	对于圆形的标牌,在平面氧化或平凹氧化制作标牌前,采用高速旋丝方法光整表面,这样做出的标牌最后可显现特别的闪光效果	外观效果同氧化标牌,但有特别的闪光效果	适用于圆形标牌或徽章
	拉丝标牌	在采用氧化或印制方法前,铝板经特别的表面拉丝处理,使标牌表面平整,但会出现暗光,丝纹均匀清晰、柔和雅致	表面暗光,色彩调和,外观效果雅致	多用于仪器、仪表、无线电产品等
塑料标牌	注塑成型标牌	采用工程塑料,用注塑的方法(直接成型或二次双色注塑)制成标牌。此法适宜制作凸凹感强,但文字、数字简单的标牌,字迹保持性好	字迹清晰,具有立体感,如再经表面涂装色彩或涂镀加工更佳,外观效果雅致、庄重	适宜文字图形较大、要求装饰效果较高的产品,如汽车、机床及大型仪器、仪表等
	有机玻璃标牌	尺寸较大、文字简单、单个或数量少的标牌,可采用多种有机玻璃经机械加工粘接而成,但费工时,成本较高	色泽多样化,具有立体感,外观效果一般	用于小批量或单件的大型或中型产品及其他标志
	涤纶薄膜标牌	在涤纶薄膜上的印漆干燥后,再经真空镀铝,形成文字图形和光亮的银色底板,上胶后可直接粘贴在各种异形及各类制品上。其特点是成本低廉,节省有色金属,使用方便,但仅宜制作小型和较简陋的一般标牌	外观效果较差	适用于一般零部件、配套件等要求不高的产品标牌
金属标牌	压制标牌	采用钢板材,用模压方式制造,呈凸凹状的文字图形,有立体感;再经喷漆或上瓷浆焙烧上色而成,宜大批量生产	外观粗犷大方,效果一般	用于较大型、文字简单的标牌,如车辆及其他标志牌
	铸造标牌	采用铸钢或铸铝方式,在砂型中形成或压铸出具有凸凹深度较大的、有立体感的字样和图形。一般上平面经精细加工,获得光亮平整表面,其余部分涂装油漆,形成粗犷、大型、耐用年限长的标牌	外观粗犷,效果一般	用于较大型、文字图形简单和在强烈腐蚀介质中使用的标牌,如大型机械设备、机车、矿山机械等
纸质标牌		采用印刷方式,将文字图形等套印在高强度的纸上,背面涂粘接胶。粘贴后为增加牢固性和耐磨性,可涂刷透明罩光漆。特点是图案清晰、色彩多样、成本低,宜大批量制作	平面型,图案清晰,色彩多样,但光泽及保持性较差,外观效果一般	适用于量大而要求不高的标牌或专门的图形文字装饰。如一般日用工业品的标牌,也用于汽车、摩托车、自行车及其他产品上的图形文字装饰

5.3 工业设计的造型表现方法

产品造型设计的构思和创意,一般应采用直观综合的表现方式将产品的形态、色彩、质地等造型要素形象地表现,并以不同的介质、手段和方法予以展示,以便进行造型方案的观察、评价与审定。根据不同设计阶段对产品造型设计的深度要求,实际需要及硬、软件的实际条件,产品造型设计主要有以下表现形式与方法:快速构思速写图、预想效果图、计算机辅助三维立体造型、快速成型、三维动态仿真虚拟造型设计,设计师可根据具体要求和条件,采用不同的表现方式。

5.3.1 快速构思速写图 (见表 42.2-30)

快速构思速写图是以手绘方式表达设计师产品创意最基础的表达方式,是设计师捕捉灵感的必要手段,不论采用何种先进的手段进行最终的设计表现,创意构思图都是设计思想表达的形象语言。

表 42.2-30　快速构思速写图的表现方法

表现方法	特　点	应用范围
钢笔速写法	以速写钢笔为工具,以黑白线型方式表现形态轮廓和阴影	构思草图
钢笔淡彩法	以钢笔和水彩的浅淡着色结合表现形态轮廓、阴影、光色	构思草图、初步方案
马克笔法	以笔触可宽窄变化和多色彩的马克笔为工具,用简略、概括的线条表现形态轮廓、阴影和光色	构思草图、初步方案
马克笔-色粉法	采用半透明的描图纸为画纸,以马克笔表现形态轮廓,用色粉(一种固态棒形绘画笔)在纸的另一面局部上色,用棉花或手指将色粉擦柔成渐变的立体关系,表现色光效果	初步方案
铅笔淡彩法	以铅笔和水彩结合,淡雅地表现形、光、色	构思草图

5.3.2　产品预想效果图 (见表 42.2-31)

产品预想效果图是以手绘方式对产品形态创意进行较深入地表达的一种方式,是传统的绘画式表现手段。

表 42.2-31　产品预想效果图的表现方法

	表现方法	特　点	应用范围
水粉画法	定义	水粉颜料具有覆盖力强、颜色厚重、易于表现、但干后色会变浅的特点,易实现平涂与退晕(深浅逐渐均匀变化)的表现形式,能实现厚重与强力的色光效果	绘制精细,用于最后审定的效果图
	正投影法	以机械制图的正投影形态为结构轮廓着色	适用于功能形态多集中于一面,或要求同时体现严格尺寸关系的产品
	透视画法	以具有严格透视关系(一点透视或两点透视)的产品结构轮廓着色	适用于三维立体形态表现的产品,较常用
	浅层法(浅底法)	先在纸面着一层底色(形式多样),充分利用底色对产品进行深入描绘,使产品主体色与背景色融为一体,着重光影的表现。此法较省时、易掌握	适用于效果图快速表现
	高光法	与浅层法相似,以深色为底,更强调产品的反光与高光的表现,追求质感与光效应效果	适用于效果图快速表现
水彩画法	定义	水彩颜料具有较高的透明性,调配简单、方便,易实现色彩平涂和叠加。叠加又分两种方式,一是干画法,即待先涂的颜色完全干后再叠上新色,形成色彩层次的清晰感。与上相反即为湿画法,使色与色之间在水介质的作用下相互渗透,形成自然的过渡与衔接,易表现退晕和虚实效果	—
	正投影法	以机械制图的正投影形态为结构轮廓着色	适用于功能形态多集中于一面,或要求同时体现严格尺寸关系的产品
	透视画法	以具有严格透视关系(一点透视或两点透视)的产品结构轮廓着色	适用于三维立体形态表现的产品,较常用
	浅层法(浅底法)	先在纸面着一层底色(形式多样),充分利用底色对产品进行深入描绘,使产品主体色与背景色融为一体,着重光影的表现。此法较省时、易掌握	适用于效果图快速表现
	高光法	与浅层法相似,以深色为底,更强调产品的反光与高光的表现,追求质感与光效应效果	适用于效果图快速表现
色粉画法	定义	色粉是一种类似粉笔样的固体颜料(多色),可直接在纸上绘图,它方便用棉球或手涂擦,形成浓淡变化,易于表现过渡与退晕,是一种简便、快捷的表现方法	适合绘制设计草图
	正投影法	以机械制图的正投影形态为结构轮廓着色	适用于功能形态多集中于一面,或要求同时体现严格尺寸关系的产品
	透视画法	以具有严格透视关系(一点透视或两点透视)的产品结构轮廓着色	适用于三维立体形态表现的产品,较常用
	浅层法(浅底法)	先在纸面着一层底色(形式多样),充分利用底色对产品进行深入描绘,使产品主体色与背景色融为一体,着重光影的表现。此法较省时、易掌握	适用于效果图快速表现
	高光法	与浅层法相似,以深色为底更强调产品的反光与高光的表现,追求质感与光效应效果	适用于效果图快速表现
	综合法	为表现产品的多种材质效果,有时画效果图需要运用多种技法进行表现。因此,可根据需要选择上述多种方式进行综合表现,使材质、色彩、光影关系表现更充分,产品形象更深刻。此法需要设计师具有熟练的绘制技巧	绘制精细,用于最后审定的效果图

（续）

表现方法	特　　点	应 用 范 围
喷绘法	以喷笔着色为主，毛笔修饰为辅进行效果图绘制。颜料由喷笔口以细粒状喷在纸上，能获得细腻的色光效果，色彩均匀，易产生过渡自然的渐变效果，色彩重叠、自然融合，十分方便。但喷绘需要做大量的遮屏来掩盖不需着色的部分，花费的时间与工夫较大，但能绘制较精细的效果图	适合绘制供最后审定的产品预想效果图

5.3.3　产品实体模型（见表 42.2-32）

产品造型设计的实体模型是以不同的材料，运用以手工为主的方式进行产品三维空间立体形象的塑造，是设计师造型创意构思方案的一种直观表现手段。它以立体的、较为逼真的形象表达产品造型的形态、线型、色彩、质地、尺寸比例和结构关系等一系列产品预想效果图不能充分表现的造型问题，通过立体模型可以进一步检验造型的实际造型效果，是造型设计较重要的一种传统表现手段。虽然手段落后、费时、精度差，但仍是一种较为实用的方法。

表 42.2-32　产品实体模型的种类

模型类型		特　　点	应用场合
构思参考模型		表现造型构思初期较简易的形体模型，便于随意修改、观察，因此常用可塑性比较好的材料制作，如黏土、发泡塑料、纸板、油泥等便于反复修改的材料，但不易保存、易干裂、变形、涂饰不方便，其中以油泥和专用模型发泡塑料最好 油泥成分（质量分数）： 石蜡 10%（用以调节软硬度，含量增多则变硬，反之变软） 滑石粉 60%（用作填充剂） 黄干油（工业凡士林）30%（增多变软） 油泥可塑性好、修刮成型方便、不干裂变形、可反复回收使用，是制作此类模型较理想的材料	制作初步方案的构思模型、探索模型
展示模型	定义	按确定方案制作形状、结构关系、尺寸比例、色彩、装饰等与实际产品非常相似的实体模型。用于方案评价与审定或专门用作展示、陈列。按使用的主要材料特性不同，有以下几种主要类型	制作供评价、审定、展示、陈列的最终方案模型
	石膏模型	石膏粉与水调匀成糊状，可在简易模具中很快凝固成型，成型打磨、刻画方便，干后不易变形干裂，有一定强度，表面涂装方便，宜长时间保存，但加工费时，不能重复修改	
	木质模型	木材（板材、块材）加工容易，适合制作形状平整或复杂曲面形的模型，不易变形走样、涂装方便，宜长期保存，但加工费时，不能重复修改	
	塑料模型	塑料品种颜色多样，质地坚固，表面光滑，可机械加工、粘接、加温软化成型，不变形走样、涂装方便，宜长期保存。因此，适宜制作要求精巧、美观华丽的展示模型，但制作加工较困难、费时，成本较高	
	玻璃钢模型	玻璃钢是以环氧树脂为基本原料，加固化剂和增塑剂，再加玻璃丝布增加强度和韧性，经加温（或常温）即可在模具内固化成型为薄壳状模型。能长期保存，不易变形、破碎，表面易涂镀处理和涂饰。但翻制工艺较复杂费时，成本较高	宜制作整体性好、较大型的薄壳状模型，或某模型中的局部罩壳状部件
	油泥模型	特点同前。表面若采用高档的专门塑料色模装饰，色质效果很快，能制作较高档的模型	制作供审定、展示、陈列的最终方案模型
实大模型（1:1模型）		在造型设计中，某些对造型要求较高或因特殊需要而制作的与产品实际大小一样的模型。制作 1:1 的实大模型，用以解决与形态特别相关的某些结构关系、操作、乘坐、视野、安全和造型细部处理等一系列问题，经过实大模型的检验，比较容易真实地发现造型中的某些人机关系问题及最终确定造型视觉效果与方案。虽然制作实大模型花费人力、物力、财力较多，但为解决造型中的人机关系问题、工艺问题、造型问题，减少修改返工的损失，保证顺利投产带来较大好处 实大模型制作所用的材料比较综合化，凡恰当适宜的材料乃至实物均可运用，只要能达到逼真的造型效果	适合于中小型产品、特殊造型要求的大型产品（如汽车等）

5.3.4　计算机辅助三维立体造型

采用先进的计算机辅助造型设计（计算机辅助工业设计 CAID）手段，可在微机上方便而快速地将产品造型创意构思形象直观、逼真地表现出来。不仅有形、色、质的表现，逼真的光影效果，而且能方便快捷地更改一切造型参数，改变观察方位，能动态地观察产品不同角度的造型效果，方便地在较短时间内显现出多个逼真的概念设计和创意构思方案，供评价、审定。设计师还可在三维造型的基础上与计算机辅助工程设计多方面衔接，进入并行工程设计。可进行逼真的动画模拟和运动干涉等方面的检验，进行产品相关的动力学设计，如振动、变形、运动力学和空气动力学等。可实现零件的模拟加工、部件装配、塑模设计、管路应用、质量工程、数据管理与交换等多种功能，形成全面系统的产品开发过程设计，以增强产品设计方案的评价表达和可行性，可大大缩短产品的设计与制造周期，还可用于产品未正式投产前的产品宣传、订货及有关市场运作。因此，CAID 技术在产品开发设计、提高产品质量、树立产品形象与企业形象、增强产品竞争力等方面已充分表现出十分重要的优越性，也是现代工业造型设计主要和先进的设计表现手段之一（见表 42.2-33）。

表 42.2-33　现行 CAID 技术的应用

CAID 软件	应 用 特 点	应用范围及场合
3D Studio 软件（3DS）（可配合 Photoshop 进行渲染处理）	3DS 是 PC 上比较流行的普及型三维造型软件，使用方便，入门容易，具有三维物体模型、编辑材质、高分辨率着色、动画处理和后期制作功能。它能生动体现产品外观形象及动画效果，还可广泛用于与工业造型设计相关的其他三维及平面设计等。但三维立体造型的尺寸精度不高，软件的综合能力与水平较低	适合初学者，用于制作不太复杂、要求不很高的产品效果图、一般的广告、三维动画、平面设计、多媒体制作等
3D Studio MAX 软件（3DS MAX）（可配合 Auto CAD、Photoshop、Lightscape 进行渲染处理）	3DS MAX 是 PC 上普及型中比较优秀的三维造型及动画制作软件，是 3DS 的超强升级版本，增加近 3 倍的功能，已成为一个巨大的三维动画创作平台，并有多种多样的外挂插件，新增多种特效，并大大地增强了对动画的控制功能，是一个统一的、交互式三维造型与动画制作软件。输出的画面品质较高，能实现播放速度及动画的随意控制，而且能以数字方式输入相关尺寸数据，因此，造型的尺寸精度较高，还能与其他软件配合对三维造型进行色、质、光等的渲染	适用于制作要求较高的产品效果图及影视、广告。应用于建筑装饰、机械制造、生化研究、军事科技、医学研究、教育、娱乐和抽象艺术等多个领域
Alias 软件	此软件主要用于计算机辅助工业设计（CAID）和动画制作。每个功能有两个层次，CAID 的高级层称为 Studio，中级层称为 Designer，均具有使造型面转换成 CAD/CAM 可读文件与工程及制造系统准确连接的功能。动画制作的高级层为 Power Animator，中级层为 Animator	适用于绘制高质量的产品预想效果图，进行复杂形态的建模与逼真的渲染和广告、影视等设计。应用于同 3DS MAX 的多个领域
Alias Designer 软件	是专为设计师而不是为工程师设计使用的三维造型软件，因而十分易学易用。它集先进的造型、仿真和交互技术于一体，能提供高性能的三维设计和图像显示，能随心所欲地运用该软件提供的各种形状、颜色和照明，创建出千变万化的模型，从而轻而易举地获得许多不同的设计款式。同时具有表面修整、光线跟踪、材料参数、全色彩扫描、颜料、绘图、数字化、数据转换和文字字形等创新性软件供选择	
Alias Studio 软件	它与 Designer 的基本选件相同，但功能更强，且有高级构造工具，更适应创建复杂模型（如汽车车体等）	
Animator 软件	此软件具有很强的动画功能和变形视频绘画等特殊的选件。可与 Designer 连接建立一个更有效的设计环境	可制作普通的动画，表达产品的机构设计分析、运动与人机研究、加工或装配模拟，还可用于制作视频电影
Power Animator 软件	基本组件的内容与 Animator 相同，但功能更强，并有如高级造型、高级变形、光线跟踪等特殊功能。同样可与 Studio 建立起一个功能更强大的设计环境	
Pro/Designer 软件	此软件是 PTC 公司大型产品设计软件的一个模块，是专门用于工业设计有代表性的参数化三维特征造型系统，被认为是 CAD/CAID 发展史上一次质的飞跃。它以实体模型为基础，提供特征化设计手段，以参数驱动模型，直观的用户界面能让设计师快速和简单地表达设计概念，方便地建立自由状表面和进行修改，能生成高精度、概念化图像，以支持营销、销售和管理。如再与 Pro/Engineer 机械设计和制造应用软件相关联，它把工业造型设计体现到工程技术中，减少设计风格的妥协，使产品质量得到整体提高。同时具有先进的着色系统与丰富的材质库，可生成具有高度真实感的产品外观效果图，并可实现动态观摩及产品的虚拟设计。如果此模块与 Pro/其他多种多样的模块软件结合，是一个很有特色的 CAD/CAM/CAE 大型系统软件，在产品开发设计中能发挥十分突出的作用	适用于各类产品及形态建模与高质量的视觉效果表现，应用于工业设计的各个领域

（续）

CAID 软件应用	应 用 特 点	应用范围及场合
SolidWorks 软件中的图像渲染 PhotoWorks 模块	是 PC 上基于 Windows 的 CAD/CAE/CAM/PDM 集成系统的产品设计软件，实用，易学易用，价格便宜，能帮助只有二维计算机设计经验或没有 CAD 设计经验的人员走向以三维建模为核心的设计，并提高设计的合理性和可靠性，使计算机辅助造型设计表现和计算机辅助设计与计算机辅助制造紧密地结合在一起 为 SolidWorks 提供了制作高质量图像的交互工具，对产品乃至零件显现近似照片，更有真实感。其渲染功能还可以用于观察虚拟产品样机的视觉效果。模块包含背景和材质纹理上色渲染、进行光源设置和阴影表现，可在几何模型表面贴多层图案，支持几何模型产生截面视图和装配爆炸图、图像输出	适用于绘制产品、零件等三维造型效果图，产品动画及虚拟表现。还用于与产品设计相关的多种工程设计、分析、加工功能（零件设计、工程图绘制、钣金设计、智能识别、有限元分析、运动和动力分析、实体数控加工及数据管理等）。应用于机械、汽车、医疗设备、电子、高科技及消费品等多种行业
I-DEAS Master Series 软件	基于 Windows 的 CAD/CAM/CAE 集成系统的从产品设计、分析、电子样机直至投产全过程的工业设计应用软件。可提供从概念设计、产品造型、产品仿真、产品测试（结构分析、热力分析、优化设计、耐久性、测试数据采集处理、噪声分析等提高性能品质的设计分析）到产品加工（具有五轴铣削、车削及车铣组合等实用加工功能）等方面的计算机辅助设计及制造的大型综合功能。本软件易学易用，独创的交互技术"动态引导器"可自动识别各类几何实体与约束，使产品的生成和修改非常快捷，"超变量化技术"可直接在三维数字模型上进行增、删、改任一个或一组特征操作，既直观又随意，便于完整地体现设计意图	适用于绘制产品、零件等三维造型效果图，以及产品动画和虚拟表现。还用于与产品设计相关的多种工程设计、分析、加工功能（零件设计、工程图绘制、钣金设计、智能识别、有限元分析、运动和动力分析、实体数控加工及数据管理等）。应用于机械、汽车、医疗设备、电子、高科技及消费品等多种行业
UG 软件	UG(Unigraphics NX) 是 Siemens PLM Software 公司出品的一个产品工程解决方案，是一个交互式 CAD/CAM/CAE 系统 此软件具有较强的工程技术能力，除设计、测试、加工之外，还提供了注塑模设计、管路应用、质量工程、数据交换、用户化、特殊应用等新功能，是一个致力于产品开发所有方面的庞大系统软件	

5.3.5 快速自动成型（3D 打印）（见表 42.2-34、表 42.2-35）

在产品开发设计后，为了综合检验产品是否达到预期的设计指标，配合营销运作，往往需要制作样机。为单件生产样机的复杂零件、外观件而预先制作模具是十分不划算的，如需进行局部改动，则会造成人、财、物的浪费。

快速自动成型是将计算机中储存的任意三维形体信息，通过特别的方法和特殊材料，以逐层添加的方法，直接制造出实体零件来，而不需要特殊的模具、工具或人工干涉的新型制造技术。对于单件小批制作样件，这种技术十分快捷方便，外观效果好，具有实

用价值，也是产品形态实际表现的一种先进方法。

快速成型设备随着体量小巧化、操作简单化而逐渐被普通民众所接受，进而称之为 3D 打印机；同时，企业或机构普遍称之为增材制造。与传统的去除材料加工方法完全相反，它是通过三维模型数据来实现增材成型，通常采用逐层添加材料的方式直接制造产品。3D 打印是增材制造的主要表现形式。增材制造区别于传统制造，其无须毛坯和工装模具，直接根据计算机建模数据对材料进行层层叠加生成任何形状的物体。在工业 4.0 及互联网+时代，3D 打印技术成为直接、准确、高速地把设计蓝图变为实体的首选方法。

快速自动成型的方式多种多样，但它们共同的基

本点是：首先，在计算机中进行三维造型，生成一个产品的三维实体模型或曲面模型文件，将其转换成 STL 文件格式，再用一软件从 STL 文件"切"出设定厚度的一系列片层；然后，将上述每一片层的图形资料传到快速自动成型机中去，用不同的材料和不同的添加方式，依次将每一层做出来并同时联结各层，直到完成整个零件。

表 42.2-34　快速自动成型（3D 打印）的主要方法

名称	技术特点	原理简图
光敏液相法	在选区内通过固化光敏性聚合物材料而得到所设计的三维实体零件。整个系统由二维扫描激光源、步进电动机控制的升降台装置、树脂容器、铺层装置和数据处理及控制的计算机组成。成型过程为：先搭支架，支架用于支撑零件和制约变形，升降台置于容器内液态光敏树脂的液面下，距离为切片厚度，计算机控制激光束沿 X 和 Y 方向运动，有选择地固化第一层光敏树脂，然后平台下降一切片厚度。如此重复，直到生成整个零件	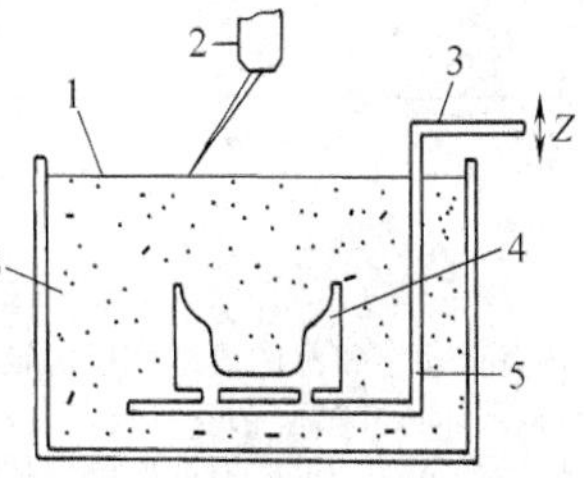 1—液面　2—二维扫描激光源　3—升降台装置 4—零件　5—零件支撑结构　6—零件液态光敏树脂
选区激光烧结法	在选区激光烧结过程中，激光能量在选定的区域作用于粉末，使其逐层黏结固化。系统的主体结构是封闭成型室中的两个或三个活塞，一个或两个用于供粉，另一个用于成型。供粉活塞上移一定量，铺粉滚筒将粉均匀地铺在加工平面上，激光束在计算机控制下透过激光窗口以一定速度和能量密度扫描，扫过之处的粉末烧结成一定厚度的片层；成型活塞下降一定距离，供粉活塞上移一定量，形成一切片厚度。如此重复，三维实体便烧结而成	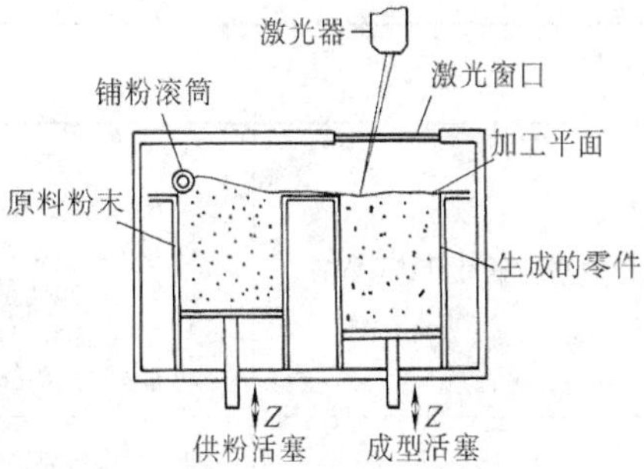 激光器　激光窗口 铺粉滚筒　加工平面 原料粉末　生成的零件 供粉活塞　成型活塞
选区黏结法	此法的原料是氧化硅或氧化铝粉末以及液态硅胶黏结剂。其成型过程与选区激光烧结法相似，只是激光束被黏结剂取代。在粉末表面有选择地施加黏结剂，将零件的片层逐层黏结起来，最后获得三维实体。零件成型后，通常还应放到控温炉中加热，进一步固化黏结剂以增加零件强度	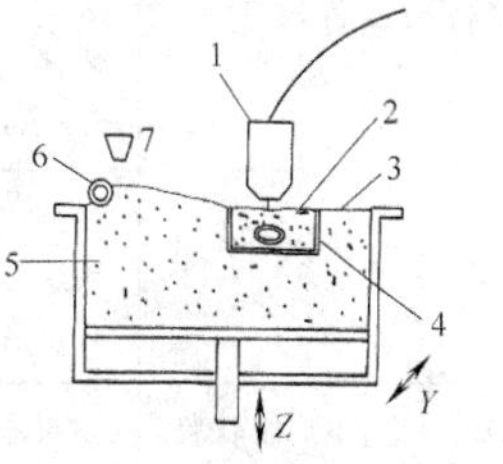 1—X-Y 扫描黏结剂喷头　2—黏结剂源 3—粉末层表面　4—零件　5—粉末 6—铺粉滚筒　7—供粉装置
片层添加法	片层添加法是将激光扫描头切割成的所设计零件的各切片层形状的薄片材料依次黏结叠加起来，从而得到零件的三维实体。系统由以薄片材料相连的放料卷和收料卷与一个可垂直升降的平台和一个加热滚子组成主要的机械部分。平台用来叠放片层，加热滚子用以热压薄片材料，薄片材料一面涂有热敏黏结剂。激光束在每一新层上沿零件中对应这一层的轮廓线切下一层薄片，而零件层以外的部分被切成碎片，以便在零件成型后去掉	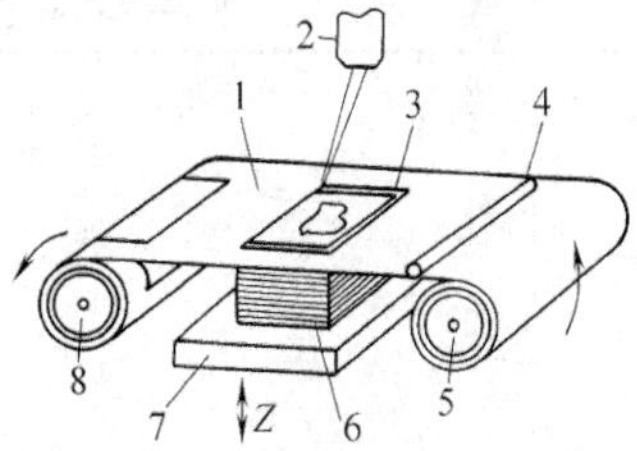 1—薄片原料　2—二维扫描激光源　3—元片层 4—热滚子　5—放料卷　6—零件块 7—平台　8—收料卷

（续）

名称	技 术 特 点	原 理 简 图
选区挤塑法	选区挤塑法是以丝状的材料(塑料或蜡)作为原料,通过沿 X-Y-Z 移动加热头,将材料熔化并逐条线、逐个层"堆出"零件的三维实体。计算机控制加热头,材料熔化后有选择地固化在设定的位置,层的厚度由加热头原料出口与工作台面的距离控制,而线宽则由加热头扫描速度和材料出口流速来确定	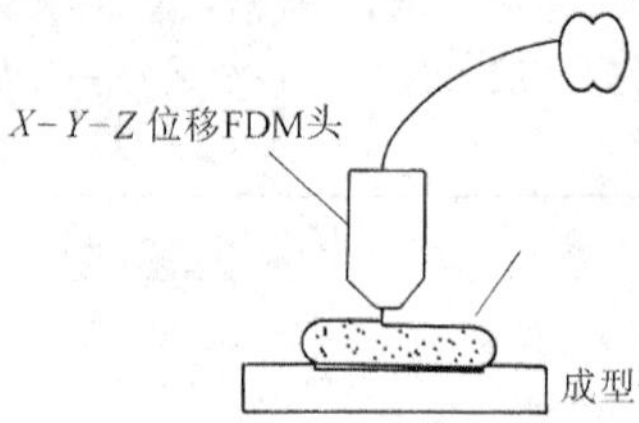 原料丝供给 X-Y-Z 位移FDM头 成型平台
固基光敏液相法	固基光敏液相法的成型过程比较复杂,由添料、掩模紫外线曝光、清除未固化的多余液体料、向空隙处填充蜡料和磨平五步来完成。反复以上过程即可多层叠加成三维实体零件	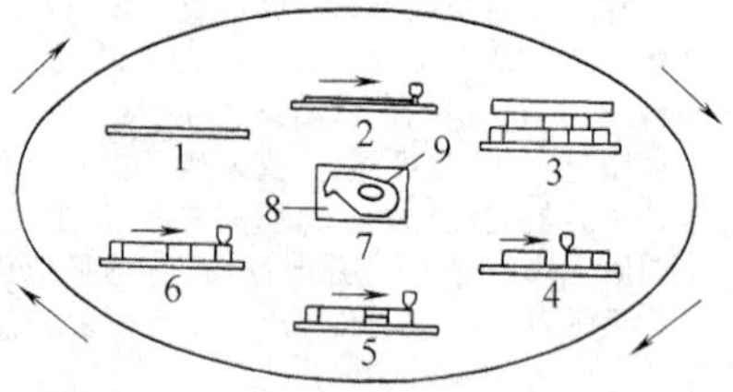 1—加工面　2—均匀施加光敏液体料　3—掩模 UV 曝光　4—清除未固化原料　5—填蜡　6—磨平　7—成型件　8—蜡　9—零件

表 42.2-35　3D 打印的系统配置

一台高配置计算机(必备)	产品模型数据经常需要细节操作,所以通常需要高配置计算机来确保设计工作能够快速、稳定及可靠地完成 1)15 英寸以上高清显示器 2)64 位 Intel 酷睿 i5 以上或同等处理能力的 AMD CPU 3)独立显卡、1GB 以上独立显存;8GB 以上内存;500GB 以上硬盘 4)最好为 Windows7/windows8/Mac 的操作系统
3D 设计软件(必备)	主要用来进行 3D 打印模型的创建和修改。Catia、Siemens NX、PTC Creo 及 Geomagic Design 等商业版,价格高,主要用于专业工程师;SolidWorks、Autodesk Inventor 及 SolidEdge 等适用于专业人士和学生;国产的 CAXA 和中望 3D 产品功能比较全面,价格低,交互简单,比较适合个人及学校;而艺术创作设计可以选择 3DX MAX、Maya、Rhino、Geomagic、Blender 及 Freeform 等
3D 打印数据处理软件(可选)	3D 打印数据模型目前均使用三角形网格面体格式,生成 STL 文件格式,即可打印。由于来源不同会产生各种几何缺陷导致无法打印,目前的 3D 打印系统多可通过自带软件处理 STL 格式文件,不必返回原生成软件进行处理,方便打印操作
3D 扫描仪和逆向工程软件(可选)	对不同的客户群体来说,可能需要这两项支持。如果面向产品设计应用或 3D 照相服务,3D 扫描仪是必需的。用户通常可根据自己希望的扫描模型的细节的分辨率来进行选择
打印后处理工具(必备)	打印后处理主要是一些手动或电动工具。由于 3D 打印成型件通常需要进行附着物及支撑材料的剥离和清洁,对于需要进行装配的打印成型件,几乎都要进行打磨处理,为此需要配套的五金工具

第3章 人机工程

1 人-机-环境研究的具体内容

人机工程是研究系统中人与其他部分交互关系的一门科学，是"以人为本"设计宗旨的具体体现。本章从人体尺寸、人体姿态、人体模板、人的操作空间、人的视野、显示与操作的特点与设计、环境要素设计等方面给出相关要求与原则，为优化系统的工效和人的健康幸福之间的关系提供具体依据。

2 人体尺寸数据

2.1 人体尺寸概念

人体尺寸是人体在特定姿势状态下，表示生理各结构尺寸关系的统计数据。

2.1.1 人体尺寸数据的使用目的

造型设计中应用人体尺寸数据，是为工业产品造型、工作位置和工作环境设计提供与人有关的尺寸及造型空间数据。

2.1.2 人体尺寸数据来源

人体尺寸数据是依据人体测量学的原理和测量方法，在大量实测的人体尺寸数据中，经数学方法处理而获得的有代表性的尺寸数据。

GB 10000—1988《中国成年人人体尺寸》已于1989年7月1日正式实施。该标准根据人类工效学要求，提供了我国从事工业生产的法定成年人人体尺寸的基础数值（男18~60岁，女18~55岁），它适用于工业产品、建筑设计、军事工业，以及工业的技术改造、设备更换及劳动安全保护。

关于人体测量术语及人体测量方法，本手册略，可详见 GB/T 5703。

2.2 成年男女人体的主要尺寸数据（见表42.3-1~表42.3-5)

表 42.3-1 成年男子人体的主要尺寸数据
（本表非国家标准，是综合多种资料整理而成，对一般人体数据应用有一定参考价值） （cm）

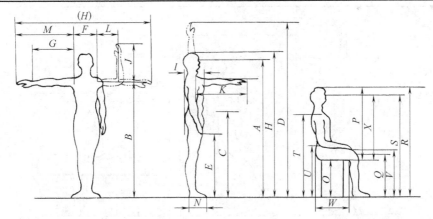

代号	项　目	亚　洲　人					欧　洲　人	
		平均值±标准差	最小值至最大值	我国各地区人体平均尺寸			平均值±标准差	中　值
				较高地区（冀、鲁、辽）	中等地区（长江三角洲）	较矮地区（云、贵、川）		
H	身高(站)、双手展宽	168.7±6.0	151.0~188.0	169.0	167.0	163.0	177.4±6.2	176±6.2
A	眼高(站)	158.1±6.0	140.0~176.0	157.3	154.7	152.1		

（续）

代号	项目	亚洲人		我国各地区人体平均尺寸			欧洲人	
		平均值±标准差	最小值至最大值	较高地区（冀、鲁、辽）	中等地区（长江三角洲）	较矮地区（云、贵、川）	平均值±标准差	中值
B	肩高（站）	138.8±5.6	126.0~157.5					
C	肘高（站）	103.9±4.7	92.0~117.0					
D	手举起指尖—脚底							206±2
E	手下垂指尖—脚底			63.3	61.6	60.5		60.2±2
F	肩—肩距	43.8±1.7	37.0~52.0	42.0	41.5	41.4		46±2
G	肩—腕距			54.6	54.8	55.2		59.5±2
I	胸深			20.0	20.1	20.5		20.8±2
J	前臂长（包括手）			43.4	43.0	43.5		44.5±2
K	臂长							71.4±2
L	后臂长			30.8	31.0	30.7		31.5±2
M	肩—指尖距			74.2	74.0	74.2		79.6±2
N	脚长							26.4±2
O	坐高	39.5±2.3	34.0~45.0	41.4	40.7	40.2		48±2
P	头顶—坐距	89.1±3.3	81.0~98.0	89.3	87.7	85.0	91.3±4	92±3
Q	膝高	50.0±3.2	42.0~58.0	46.5	46.0	45.8	54.1±2	56±2
R	头顶高（坐）	128.8±4.8	114.0~141.0	130.7	128.4	125.2		
S	眼高（坐）	118.5±5.1	102.0~127.0	120.3	118.1	114.4		
T	肩高（坐）	100.4±4.1	90.0~110.0					
U	肘高（坐）	65.4±3.7	56.0~76.0	65.7	64.6	62.2		
V	腿高（坐）	57.6±2.8	45.0~63.0				56.9±1.6	
W	坐深	48.3±2.9	40.0~57.0	45.0	44.5	44.3	51.9±2.2	48±2
X	眼—坐距	78.7±3.5	68.5~87.0	78.9	77.4	74.2	80.4+3.7	

表 42.3-2　以平均身高计算成年人体的主要尺寸　　　　（cm）

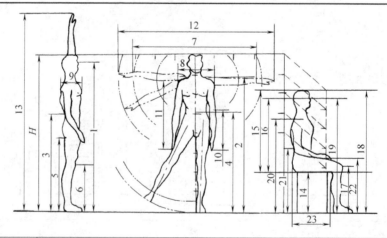

代号	名　称	男		女	
		理想比例（身高为8个头高）	正常比例（身高为7个半头高）	理想比例（身高为8个头高）	正常比例（身高为7个半头高）
H	身高	H	h	H	h
1	眼高（站）	$0.9375H$	$0.9333h$	$0.9375H$	$0.9333h$
2	肩高（站）	$0.8333H$	$0.8444h$	$0.8333H$	$0.8444h$

（续）

代号	名　称	男		女	
		理想比例 （身高为 8 个头高）	正常比例 （身高为 7 个半头高）	理想比例 （身高为 8 个头高）	正常比例 （身高为 7 个半头高）
3	肘高	$0.6250H$	$0.6000h$	$0.6250H$	$0.6000h$
4	脐高（站）	$0.6250H$	$0.6000h$	$0.6250H$	$0.6000h$
5	臀高（站）	$0.4583H$	$0.4667h$	$0.4583H$	$0.4667h$
6	膝高	$0.3125H$	$0.2667h$	$0.3125H$	$0.2667h$
7	腕—腕距	$0.8125H$	$0.8000h$	$0.8125H$	$0.8000h$
8	肩—肩距	$0.2500H$	$0.2222h$	$0.2000H$	$0.2133h$
9	胸深	$0.1667H$	$0.1778h$	$0.1250H \sim 0.1666H$	$0.1333h \sim 0.1773h$
10	前臂长（包括手）	$0.2500H$	$0.2667h$	$0.2500H$	$0.2667h$
11	肩—指尖距	$0.4375H$	$0.4667h$	$0.4375H$	$0.4667h$
12	双手展宽	$1.0000H$	$1.0000h$	$1.0000H$	$1.0000h$
13	手举起最高点	$1.2500H$	$1.2778h$	$1.2500H$	$1.2778h$
14	坐高	$0.2500H$	$0.2222h$	$0.2500H$	$0.2222h$
15	头顶—坐距	$0.5313H$	$0.5333h$	$0.5313H$	$0.5333h$
16	眼—坐距	$0.4583H$	$0.4667h$	$0.4583H$	$0.4667h$
17	膝高（坐）	$0.2917H$	$0.2667h$	$0.2917H$	$0.2667h$
18	头顶高（坐）	$0.7813H$	$0.7333h$	$0.7813H$	$0.7333h$
19	眼高（坐）	$0.7083H$	$0.7000h$	$0.7083H$	$0.7000h$
20	肩高（坐）	$0.5833H$	$0.5667h$	$0.5833H$	$0.5667h$
21	肘高（坐）	$0.4063H$	$0.3556h$	$0.4063H$	$0.3556h$
22	腿高（坐）	$0.3333H$	$0.3000h$	$0.3333H$	$0.3000h$
23	坐深	$0.2750H$	$0.2667h$	$0.2750H$	$0.2667h$

表 42.3-3　几个国家的男子平均身高　　　　　　　　　（cm）

国别	男子平均身高	成年男子平均身高	国别	男子平均身高	成年男子平均身高
中国	166.3	177.2	意大利	—	170.6
美国	176	166.7	瑞典	—	174.1
日本	164	175.5	伊朗	—	168.1
德国	173	175.3	捷克	175	—
英国	173	171.1	俄罗斯	168	—

表 42.3-4　以主要百分位和年龄范围的中国成人人体尺寸数据（女性统计截止年龄为 55 岁）

（GB 10000—1988）　　　　　　　　　（mm）

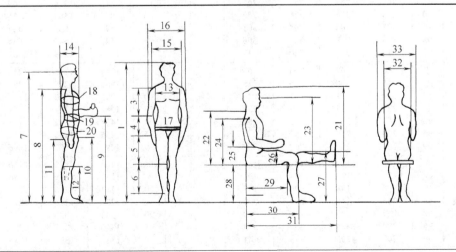

（续）

代号及测量项目	性别	百分位数	年龄分组 18~60（55）岁	18~25 岁	26~35 岁	36~60（55）岁	代号及测量项目	性别	百分位数	年龄分组 18~60（55）岁	18~25 岁	26~35 岁	36~60（55）岁
1 身高	男	1	1543	1554	1545	1533	5 大腿长	男	1	413	415	414	411
		5	1583	1591	1588	1576			5	428	432	427	425
		10	1604	1611	1608	1596			10	436	440	436	434
		50	1678	1686	1683	1667			50	465	469	466	462
		90	1754	1764	1755	1739			90	496	500	495	492
		95	1775	1789	1776	1761			95	505	509	505	501
		99	1814	1830	1815	1798			99	523	532	521	518
	女	1	1449	1457	1449	1445		女	1	387	391	385	384
		5	1484	1494	1486	1477			5	402	406	403	399
		10	1503	1512	1504	1494			10	410	414	411	407
		50	1570	1580	1572	1560			50	438	441	438	434
		90	1640	1647	1642	1627			90	467	470	467	463
		95	1659	1667	1661	1646			95	476	480	475	472
		99	1697	1709	1698	1683			99	494	496	493	489
2 体重/kg	男	1	44	43	45	45	6 小腿长	男	1	324	327	324	322
		5	48	47	48	49			5	338	340	338	336
		10	50	50	50	51			10	344	346	345	343
		50	59	57	59	61			50	369	372	370	367
		90	71	66	70	74			90	396	399	397	393
		95	75	70	74	78			95	403	407	403	400
		99	83	78	80	85			99	419	421	420	416
	女	1	39	38	39	40		女	1	300	301	299	300
		5	42	40	42	44			5	313	314	312	311
		10	44	42	44	46			10	319	322	319	318
		50	52	49	51	55			50	344	346	344	341
		90	63	57	62	66			90	370	371	370	367
		95	66	60	65	70			95	376	379	376	373
		99	74	66	72	76			99	390	395	389	388
3 上臂长	男	1	279	279	280	278	7 眼高	男	1	1436	1444	1437	1429
		5	289	289	289	289			5	1474	1482	1478	1465
		10	294	294	294	294			10	1495	1502	1497	1488
		50	313	313	314	313			50	1568	1576	1572	1558
		90	333	333	333	331			90	1643	1653	1645	1629
		95	338	339	339	337			95	1664	1678	1667	1651
		99	349	350	349	348			99	1705	1714	1705	1689
	女	1	252	253	253	251		女	1	1337	1341	1335	1333
		5	262	263	263	260			5	1371	1380	1371	1365
		10	267	268	267	265			10	1388	1396	1389	1380
		50	284	286	285	282			50	1454	1463	1455	1443
		90	303	304	304	301			90	1522	1529	1524	1510
		95	308	309	309	306			95	1541	1549	1544	1530
		99	319	319	320	317			99	1579	1588	1581	1561
4 前臂长	男	1	206	207	205	206	8 肩高	男	1	1244	1245	1244	1241
		5	216	216	216	215			5	1281	1285	1283	1278
		10	220	221	221	220			10	1299	1300	1303	1295
		50	237	237	237	235			50	1367	1372	1369	1360
		90	253	254	253	252			90	1435	1442	1438	1426
		95	258	259	258	257			95	1455	1464	1456	1445
		99	268	269	268	267			99	1494	1507	1496	1482
	女	1	185	187	184	185		女	1	1166	1172	1166	1163
		5	193	194	194	192			5	1195	1199	1196	1191
		10	198	198	198	197			10	1211	1216	1212	1205
		50	213	214	214	213			50	1271	1276	1273	1265
		90	229	229	229	229			90	1333	1336	1335	1325
		95	234	235	234	233			95	1350	1353	1352	1343
		99	242	243	243	241			99	1385	1393	1385	1376

（续）

代号及测量项目	性别	百分位数	年龄分组				代号及测量项目	性别	百分位数	年龄分组			
			18~60（55）岁	18~25 岁	26~35 岁	36~60（55）岁				18~60（55）岁	18~25 岁	26~35 岁	36~60（55）岁
9 肘高	男	1	925	929	925	921	13 胸宽	男	1	242	239	244	243
		5	954	957	956	950			5	253	250	254	254
		10	968	973	971	963			10	259	256	260	261
		50	1024	1028	1026	1019			50	280	275	281	285
		90	1079	1088	1081	1072			90	307	298	305	313
		95	1096	1102	1097	1087			95	315	306	313	321
		99	1128	1140	1128	1119			99	331	320	327	336
	女	1	873	877	873	871		女	1	219	214	221	225
		5	899	904	900	895			5	233	228	234	238
		10	913	916	913	908			10	239	234	240	245
		50	960	965	961	956			50	260	253	260	269
		90	1009	1013	1010	1004			90	289	274	287	301
		95	1023	1027	1025	1018			95	299	282	295	309
		99	1050	1060	1048	1042			99	319	296	313	327
10 手功能高	男	1	656	659	658	651	14 胸厚	男	1	176	170	177	181
		5	680	683	683	676			5	186	181	187	192
		10	693	696	695	689			10	191	186	192	198
		50	741	745	742	736			50	212	204	212	219
		90	787	792	789	782			90	237	223	233	245
		95	801	808	802	795			95	245	230	241	253
		99	828	831	828	818			99	261	241	254	266
	女	1	630	633	628	628		女	1	159	155	160	166
		5	650	653	649	646			5	170	166	171	177
		10	662	665	662	660			10	176	171	177	183
		50	704	707	704	700			50	199	191	198	208
		90	746	749	746	742			90	230	215	227	240
		95	757	760	757	753			95	239	222	236	251
		99	778	784	778	775			99	260	237	253	268
11 会阴高	男	1	701	707	703	700	15 肩宽	男	1	330	331	331	328
		5	728	734	728	724			5	344	344	346	343
		10	741	749	742	736			10	351	351	352	350
		50	790	796	792	784			50	375	375	376	373
		90	840	848	841	832			90	397	398	398	395
		95	856	864	857	846			95	403	404	404	401
		99	887	895	886	875			99	415	417	415	415
	女	1	648	653	647	646		女	1	304	302	304	305
		5	673	680	672	668			5	320	319	320	323
		10	686	694	686	681			10	328	328	328	329
		50	732	738	732	726			50	351	351	350	350
		90	779	785	780	771			90	371	370	372	372
		95	792	797	793	784			95	377	376	378	378
		99	819	827	819	810			99	387	386	387	390
12 胫骨点高	男	1	394	397	394	392	16 最大肩宽	男	1	383	380	386	383
		5	409	411	409	407			5	398	395	399	398
		10	417	419	417	415			10	405	403	406	406
		50	444	446	444	441			50	431	427	432	433
		90	472	475	473	469			90	460	454	460	464
		95	481	485	481	478			95	469	463	469	473
		99	498	500	498	493			99	486	482	486	489
	女	1	363	366	362	363		女	1	347	342	347	356
		5	377	379	376	375			5	363	359	363	368
		10	384	387	384	382			10	371	367	371	376
		50	410	412	410	407			50	397	391	396	405
		90	437	439	438	433			90	428	415	426	439
		95	444	446	445	441			95	438	424	435	449
		99	459	463	460	456			99	458	439	455	468

（续）

代号及测量项目	性别	百分位数	年龄分组 18~60(55)岁	18~25岁	26~35岁	36~60(55)岁
17 臀宽	男	1	273	271	272	275
		5	282	280	282	285
		10	288	285	287	291
		50	306	302	305	311
		90	327	322	326	332
		95	334	327	332	338
		99	346	339	344	349
	女	1	275	270	277	282
		5	290	286	290	296
		10	296	292	296	301
		50	317	311	317	323
		90	340	331	339	345
		95	346	338	345	352
		99	360	349	358	366
18 胸围	男	1	762	746	772	775
		5	791	778	799	803
		10	806	792	812	820
		50	867	845	869	885
		90	944	908	939	967
		95	970	925	958	990
		99	1018	970	1008	1035
	女	1	717	710	718	724
		5	745	735	747	760
		10	760	750	762	780
		50	825	802	823	859
		90	919	865	907	955
		95	949	885	934	986
		99	1005	930	988	1036
19 腰围	男	1	620	610	625	640
		5	650	634	652	670
		10	665	650	669	690
		50	735	702	734	782
		90	859	771	832	900
		95	895	796	865	932
		99	960	857	921	986
	女	1	622	608	636	661
		5	659	636	672	704
		10	680	654	691	728
		50	772	724	775	836
		90	904	803	882	962
		95	950	832	921	998
		99	1025	892	993	1060
20 臀围	男	1	780	770	780	785
		5	805	800	805	811
		10	820	814	820	830
		50	875	860	874	895
		90	948	915	941	966
		95	970	936	962	985
		99	1009	974	1000	1023
	女	1	795	790	792	812
		5	824	815	824	843
		10	840	830	838	858
		50	900	881	900	926
		90	975	940	970	1001
		95	1000	959	992	1021
		99	1044	994	1030	1064

代号及测量项目	性别	百分位数	年龄分组 18~60(55)岁	18~25岁	26~35岁	36~60(55)岁
21 坐高	男	1	836	841	839	832
		5	858	863	862	853
		10	870	873	874	865
		50	908	910	911	904
		90	947	951	948	941
		95	958	963	959	952
		99	979	984	983	973
	女	1	789	793	792	786
		5	809	811	810	805
		10	819	822	820	816
		50	855	858	857	851
		90	891	894	893	886
		95	901	903	904	896
		99	920	924	921	915
22 坐姿颈椎点高	男	1	599	596	600	599
		5	615	613	617	615
		10	624	622	626	625
		50	657	655	659	658
		90	691	691	692	691
		95	701	702	702	700
		99	719	718	722	719
	女	1	563	565	563	561
		5	579	581	579	576
		10	587	589	588	584
		50	617	618	618	616
		90	648	649	650	647
		95	657	658	658	655
		99	675	677	677	672
23 坐姿眼高	男	1	729	732	733	724
		5	749	753	753	743
		10	761	763	764	756
		50	798	801	801	795
		90	836	840	837	832
		95	847	851	849	841
		99	868	868	873	864
	女	1	678	680	679	674
		5	695	636	696	692
		10	704	707	705	701
		50	739	741	740	735
		90	773	774	775	769
		95	783	785	786	778
		99	803	806	806	796
24 坐姿肩高	男	1	539	538	539	538
		5	557	557	559	556
		10	566	565	569	564
		50	598	597	600	597
		90	631	631	633	630
		95	641	641	642	639
		99	659	658	660	657
	女	1	504	503	506	504
		5	518	517	520	518
		10	526	526	528	525
		50	556	555	556	555
		90	585	584	587	584
		95	594	593	596	592
		99	609	608	610	608

（续）

代号及测量项目	性别	百分位数	18~60(55)岁	18~25岁	26~35岁	36~60(55)岁
25 坐姿肘高	男	1	214	215	217	210
		5	228	227	230	226
		10	235	234	237	234
		50	263	261	264	263
		90	291	289	291	292
		95	298	297	299	299
		99	312	311	313	313
	女	1	201	200	204	201
		5	215	214	217	215
		10	223	222	225	223
		50	251	249	251	251
		90	277	275	277	279
		95	284	283	284	287
		99	299	299	298	300
26 坐姿大腿厚	男	1	103	106	102	102
		5	112	114	111	110
		10	116	117	115	115
		50	130	130	130	131
		90	146	144	147	148
		95	151	149	152	152
		99	160	156	160	162
	女	1	107	107	107	108
		5	113	113	113	114
		10	117	116	116	118
		50	130	129	130	133
		90	146	143	145	149
		95	151	148	150	154
		99	160	156	160	164
27 坐姿膝高	男	1	441	443	441	439
		5	456	459	456	455
		10	464	468	464	462
		50	493	497	494	490
		90	523	527	523	518
		95	532	535	531	527
		99	549	554	553	543
	女	1	410	412	409	409
		5	424	428	423	422
		10	431	435	431	429
		50	458	461	458	455
		90	485	487	486	483
		95	493	494	493	490
		99	507	512	508	503
28 小腿加足高	男	1	372	375	373	370
		5	383	386	384	380
		10	389	393	391	386
		50	413	417	415	409
		90	439	444	441	435
		95	448	454	448	442
		99	463	468	462	458
	女	1	331	336	334	327
		5	342	346	345	338
		10	350	355	353	344
		50	382	384	383	379
		90	399	402	399	396
		95	405	408	405	401
		99	417	420	417	412

代号及测量项目	性别	百分位数	18~60(55)岁	18~25岁	26~35岁	36~60(55)岁
29 坐深	男	1	407	407	405	407
		5	421	423	421	420
		10	429	429	429	428
		50	457	457	458	457
		90	486	486	486	486
		95	494	494	493	494
		99	510	511	510	511
	女	1	388	389	390	386
		5	401	401	403	400
		10	408	409	409	406
		50	433	433	434	432
		90	461	460	463	461
		95	469	468	470	468
		99	485	485	485	487
30 臀膝距	男	1	499	500	497	500
		5	515	516	514	515
		10	524	525	523	524
		50	554	554	554	554
		90	585	585	586	585
		95	595	594	595	596
		99	613	615	611	613
	女	1	481	480	481	482
		5	495	495	494	496
		10	502	501	501	502
		50	529	529	529	529
		90	561	560	561	562
		95	570	568	570	572
		99	587	586	590	588
31 坐姿下肢长	男	1	892	893	889	892
		5	921	925	919	922
		10	937	939	934	938
		50	992	992	991	992
		90	1046	1050	1045	1045
		95	1063	1068	1064	1060
		99	1096	1100	1095	1095
	女	1	826	825	826	826
		5	851	854	850	848
		10	865	867	865	862
		50	912	914	912	909
		90	960	963	960	957
		95	975	978	976	972
		99	1005	1008	1004	996
32 坐姿臀宽	男	1	284	281	283	289
		5	295	292	295	299
		10	300	297	300	304
		50	321	316	320	327
		90	347	338	344	354
		95	355	345	351	361
		99	369	360	365	375
	女	1	295	289	295	302
		5	310	306	311	317
		10	318	313	318	325
		50	344	336	345	353
		90	374	360	372	382
		95	382	368	381	390
		99	400	382	398	411

（续）

代号及测量项目	性别	百分位数	年龄分组				代号及测量项目	性别	百分位数	年龄分组			
			18~60 (55) 岁	18~25岁	26~35岁	36~60 (55) 岁				18~60 (55) 岁	18~25岁	26~35岁	36~60 (55) 岁
33 坐姿两肘间宽	男	1	353	348	353	359	33 坐姿两肘间宽	女	1	326	320	331	344
		5	371	364	372	378			5	348	338	352	367
		10	381	374	381	389			10	360	348	362	379
		50	422	410	421	435			50	404	384	404	427
		90	473	454	470	485			90	460	426	453	481
		95	489	467	485	499			95	478	439	469	496
		99	518	495	513	527			99	509	465	500	526

表 42.3-5　成人手部的主要结构尺寸数据

项目	图示	赤手 平均数	赤手 标准差	项目	图示	赤手 平均数	赤手 标准差
手掌正向时的手宽/mm		88.39	5.59	最大扳转角度/(°)		221.67	33.03
手掌俯向时的手宽（最小值）/mm	—	83.82	5.08	最大扳转角度/(°)		157.78	28.75
手执握时的手掌宽/mm	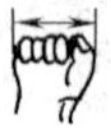	101.85	7.87	食指小指尖分叉距离/mm	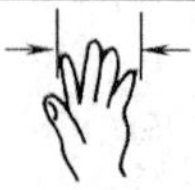	161.29	14.99
手执握时的侧宽/mm	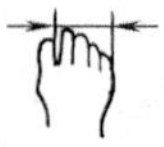	67.31	10.41	手宽（拇指小指尖分叉距离）/mm	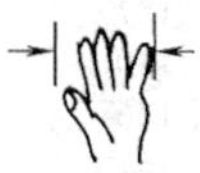	215.14	15.49
拇指食指握宽/mm		124.21	13.97	手长/mm		193.80	11.43
拇指中指握宽/mm		145.80	14.73				

2.3　采用人体数据百分位的建议与尺寸数值计算

2.3.1　术语

1）百分位。表示某一身体尺寸范围内，有百分之几的人大于或小于给定值。

例　①第 5 百分位代表"小"身材，即只有 5% 的数值低于此下限值。

②第 95 百分位代表"大"身材，即只有 5% 的数值高于此上限值。

③第 50 百分位代表"适中"身材，即有 50% 的数值高于和低于此值。

2）平均值。表示某一身体尺寸范围内的算术平均值。

3）标准差。表示数值分布的离散程度的统计量。

2.3.2　采用百分位的建议与尺寸数值计算

（1）采用百分位的建议（见表 42.3-6）

表 42.3-6　造型尺寸采用百分位的建议

确定造型尺寸的性质	选用百分位数	应用举例
由人体总长决定的造型尺寸	第 95 百分位	门、船舱口、通道、床、担架
由人体某部分决定的造型尺寸	第 5 百分位	取决于臂长、腿长的坐平面高度，或调节构件必要的可及范围
由人完成的可调尺寸	第 5 百分位至第 95 百分位	座位、座位安全带至调节构件的距离
	第 99 百分位	至运转着的机器部件的有效半径或紧急出口的直径
	第 1 百分位	人操作紧急制动杆的距离
按人体尺寸确定适宜操作的最佳范围	第 50 百分位	门铃、开关、插座等的安置尺寸
造型尺寸需要考虑人的多项身体尺寸	以上述性质确定百分位后，不应以比例适中的人作为基准，而应按可能出现的尺寸差距，改变造型形式加以适应	同一百分位高度的人，由于比例不对称，大腿长短不一，坐深尺寸则不同，从而使座位表面适合臀部的造型对人的最佳配合失去意义。若将座位表面改为平的座椅，则会解决因坐深不同的适应问题

（2）百分位数值的计算

当已知某项人体测量尺寸的均值为 $\bar{x}$，标准差为 S_D，需要求任一百分位的人体测量尺寸 x 时，可用下式计算：

$$x = \bar{x} \pm S_D K$$

式中　K——变换系数，设计中常用的百分比值与变换系数 K 的关系见表 42.3-7。

表 42.3-7　百分比与变换系数

百分比（%）	K	百分比（%）	K
0.5	2.576	70	0.524
1.0	2.326	75	0.674
2.5	1.960	80	0.842
5	1.645	85	1.036
10	1.282	90	1.282
15	1.036	95	1.645
20	0.842	97.5	1.960
25	0.674	99.0	2.326
30	0.524	99.5	2.576
50	0.000		

当求 1%~50% 之间的数据时，式中取"−"号；

当求 50%~99% 之间的数据时，式中取"+"号。

（3）机械产品设计中的产品尺寸设计类型（见表 42.3-8）

表 42.3-8　产品尺寸设计类型

产品类型	产品类型定义	说明
Ⅰ 型产品尺寸设计	需要两个人体尺寸百分位数作为尺寸上限值和下限值的依据	又称双限值设计
Ⅱ 型产品尺寸设计	只需要一个人体尺寸百分位数作为尺寸上限值或下限值的依据	又称单限值设计
Ⅱ A 型产品尺寸设计	只需要一个人体尺寸百分位数作为尺寸上限值的依据	又称大尺寸设计
Ⅱ B 型产品尺寸设计	只需要一个人体尺寸百分位数作为尺寸下限值的依据	又称小尺寸设计
Ⅲ 型产品尺寸设计	只需要第 50 百分位数（P_{50}）作为产品尺寸设计的依据	又称平均尺寸设计

3　人的肢体正常活动范围与空间选择（见表 42.3-9~表 42.3-11）

表 42.3-9　成人肢体的主要活动范围和舒适姿势的调节范围

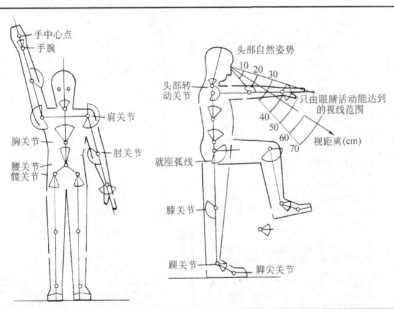

身体部位	关节	活动状况	最大角度/(°)	最大范围/(°)	舒适调节范围/(°)
头至躯干	颈关节	低头、仰头	40~−35[①]	75	12~25
		左歪、右歪	55~−55[①]	110	0
		左转、右转	55~−55[①]	110	0
躯干	胸关节 腰关节	前弯、后弯	100~−50[①]	150	0
		左弯、右弯	50~−50[①]	100	0
		左转、右转	50~−50[①]	100	0
大腿至髋关节	髋关节	前弯、后弯	120~−15	135	0（85~100）[②]
		外拐、内拐	30~−15	45	0
小腿对大腿	膝关节	前摆、后摆	0~−135	135	0（−95~−120）[②]

（续）

身体部位	关节	活动状况	最大角度/(°)	最大范围/(°)	舒适调节范围/(°)
脚至小腿	脚关节	上摆、下摆	110~55	55	85~95
脚至躯干	髋关节 小腿关节 脚关节	外转、内转	110~-70[①]	180	0~15
上臂至躯干	肩关节 （锁骨）	外摆、内摆 上摆、下摆 前摆、后摆	180~-30[①] 180~-45[①] 140~-40[①]	210 225 180	0 (15~35)[③] 40~90
下臂至上臂	肘关节	弯曲、伸展	145~0	145	85~10
手至下臂	腕关节	外摆、内摆 弯曲、伸展	30~-20 75~-60	50 135	0[⑤] 0
手至躯干	肩关节、下臂	左转、右转	130~-120[①④]	250	-30~-60

注：表中给出的最大角度适用于一般情况，年纪较大的人大多低于此值。此外，在穿厚衣服时角度要小些。有多个关节的一串骨骼中，若干角度相加可以产生更大的总活动范围（如低头、弯腰）。
① 得自给出关节活动的叠加值。
② 括号内为坐姿值。
③ 括号内为在身体前方的操作。
④ 开始的姿势为手与躯干侧面平行。
⑤ 拇指向下，全手对横轴的角度为12°。

表 42.3-10　人体在各种姿势下的自由活动空间　　　　　　　　　（cm）

姿势类别	活动空间性质	图　示
立姿的活动空间，上身及手臂的活动范围（男子第95百分位）	A为稍息站立时的身体轮廓（为保持身体姿势所必需的平衡活动已考虑在内） B为臀部不动、上身自髋关节前弯、侧转时的活动空间 C为上身不动时手臂的活动空间 D为上身一起动时手臂的活动空间	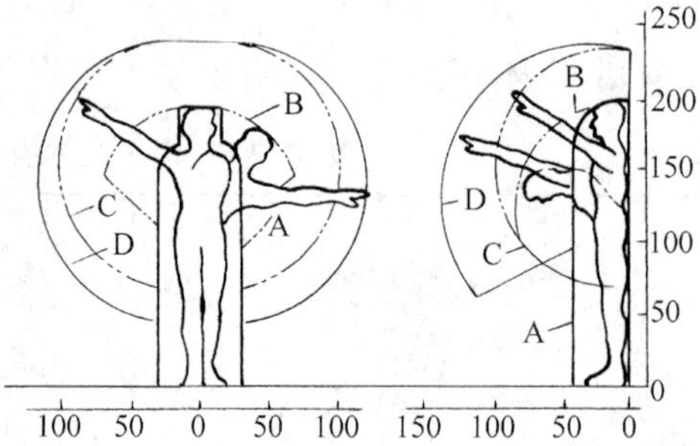
坐姿的活动空间，上身及手臂和腿的活动范围（男子第95百分位）	E为上身挺直及头向前倾的身体轮廓（为保持身体姿势而必需的平衡活动已考虑在内） F为从髋关节起上身向前、向侧弯曲的活动空间 G为自肩关节起手肩向上和向两侧的活动空间（上身不动） H为上身从髋关节起向前向两侧活动时，手臂自肩关节起向前和两侧的活动空间 I为自髋关节、膝关节起，腿的伸、曲活动空间	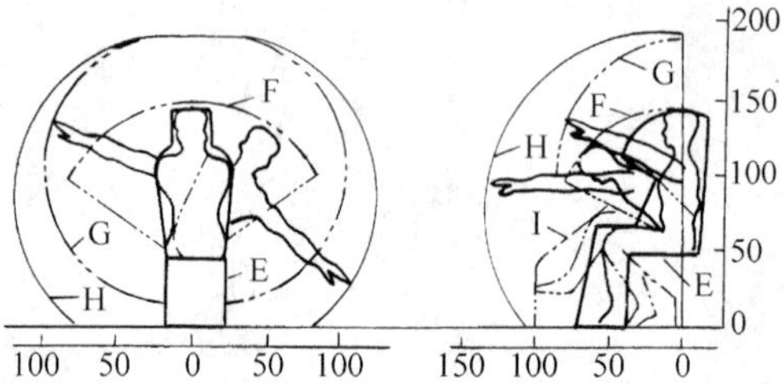
单腿跪姿的活动空间，上身及手臂的活动范围（男子第95百分位）	J为上身挺直头前倾的身体轮廓（为稳定身体姿势所需的平衡动作已考虑在内） K为上身从髋关节起侧弯的活动空间 M为上身不动，自肩关节起，手臂向前、向两侧的活动空间 N为上身自髋关节起向前，或两侧活动的手臂自肩关节起向前，或向两侧的活动空间	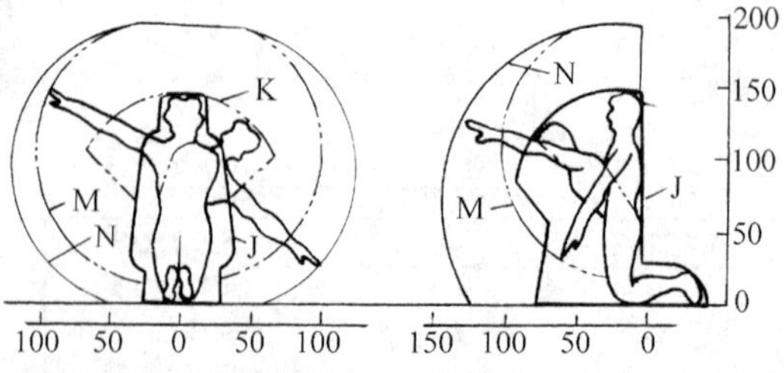
仰卧的活动空间，手臂及腿弯起的活动空间（男子第95百分位）	O为背朝下仰卧时的身体轮廓 P为自肩关节起手臂伸直的活动空间 Q为腿自膝关节弯起的活动空间	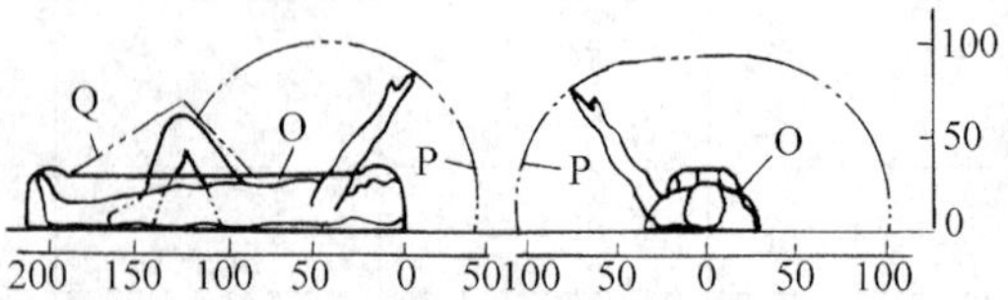

表 42.3-11 成人跪卧工作姿势的最小占用空间尺寸 （mm）

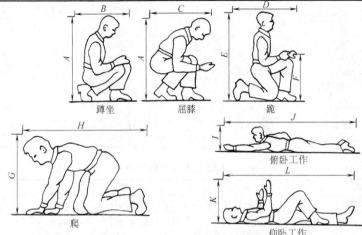

蹲坐　屈膝　跪

爬　俯卧工作　仰卧工作

尺寸代号（见图）	工作姿势及空间尺寸性质		最小值	选取值	穿御寒衣服时
A	蹲坐工作	高度	1200	—	1300
B		宽度	700	920	1000
C	屈膝工作宽度		900	1020	1100
D	跪姿工作	宽度	1100	1200	1300
E		高度	1450	—	1500
F	手距地面高度		—	700	
G	爬着工作	高度	800	900	950
H		长度	1500	—	1600
I	俯卧工作（腹朝下）	高度	450	500	600
J		长度	2450	—	—
K	仰卧工作（背向下）	高度	500	600	650
L		长度	1900	1950	2000

注：根据美国标准 MIL-STD—1472。

4　人体模板与操作姿势及空间设计

4.1　人体模板

人体模板为比例 1∶1（或按比例缩小的）的一维侧视裸露人体（穿鞋）模型板。可按需选择不同人体尺寸等级，确定基本尺寸参数（A、B、C、D、E、F、G、H、I、J、K、R、S、T）及活动关节，制成不同规格的人体模板，用以演示人体的活动状况及范围。

人体模板及结构参数见表 42.3-12；人体模板的应用见表 42.3-13。

表 42.3-12　人体模板及结构参数

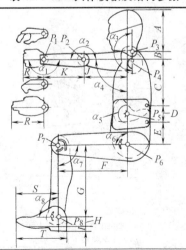

（续）

模板结构尺寸	模板关节角的调节范围			
	关节代号	关节名称	调节角度代号	调节角度范围/(°)
先按选择的人体高度的百分位,确定出人体的形体结构尺寸(查表或按平均值计算),再按此尺寸定出各转动关节轴线的坐标尺寸 必须满足: 总高 = 身高 + 鞋高 $= A+B+C+D+E+F+G+H+I$	P_1	腕关节	α_1	140~200
	P_2	肘关节	α_2	60~80
	P_3	头/颈关节	α_3	130~225
	P_4	肩关节	α_4	0~135
	P_5	腰关节	α_5	168~195
	P_6	髋关节	α_6	65~120
	P_7	膝关节	α_7	75~180
	P_8	脚关节	α_8	70~125

表 42.3-13　人体模板的应用

项目	用途名称	应 用 说 明
应用的主要方面	辅助工程制图	应用人体模板绘制人体活动与状态变化图形
	辅助设计	应用人体模板于机器、工作椅、汽车座等的设计,以确定人的姿态和与人有关的结构尺寸与空间尺寸及活动范围等
	辅助演示	应用人体模板演示人的活动状况及范围,以及检验校核已设计产品或空间尺寸的合理性
应用实例	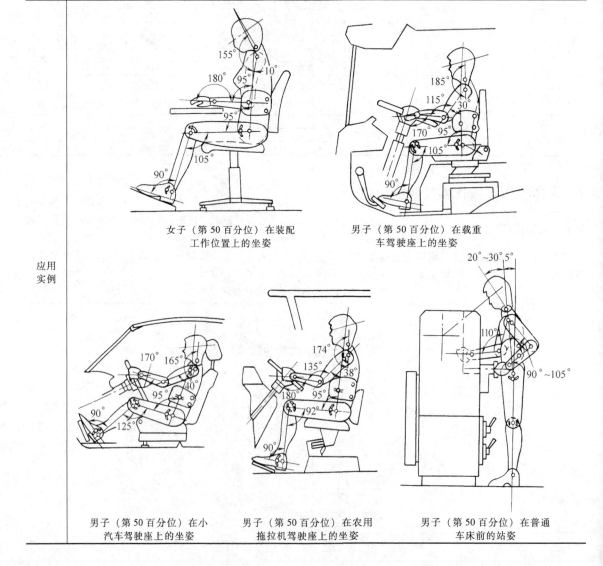女子（第 50 百分位）在装配工作位置上的坐姿　　　男子（第 50 百分位）在载重车驾驶座上的坐姿 男子（第 50 百分位）在小汽车驾驶座上的坐姿　　　男子（第 50 百分位）在农用拖拉机驾驶座上的坐姿　　　男子（第 50 百分位）在普通车床前的站姿	

4.2　装配、维修的操作空间尺寸（见表 42.3-14）

4.3　工作位置的平面高度与调节范围（见表 42.3-15、表 42.3-16）

表 42.3-14　装配、维修的开口部位尺寸　　　　（mm）

开口部位	尺寸		开口部位	尺寸	
	A	B		A	B
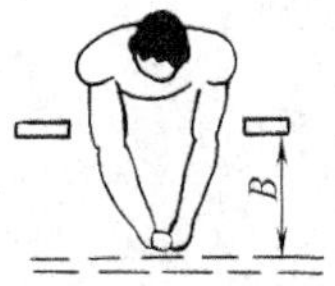		630	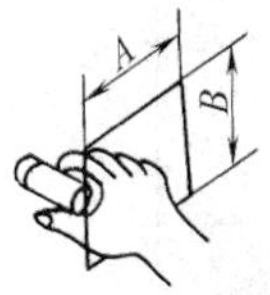	120	130
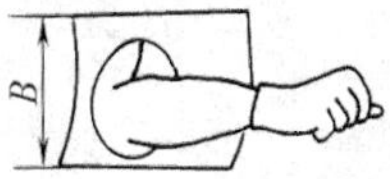		200	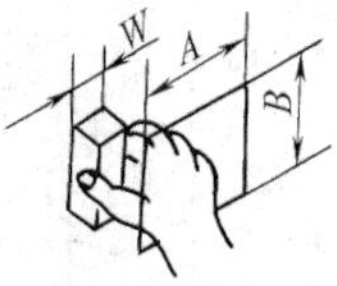	W+45	130
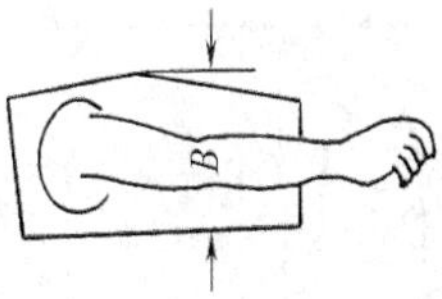		250	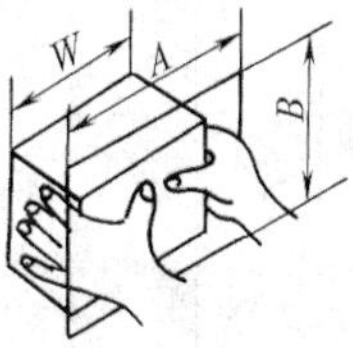	W+75	130
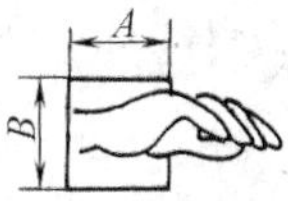	100	50	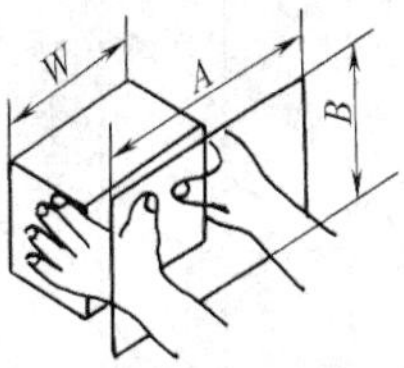	W+150	130
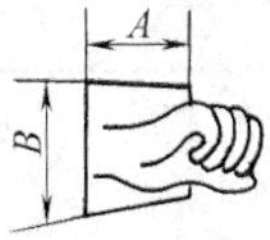	125	90	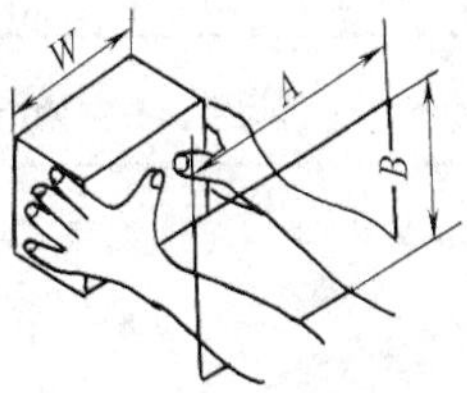	W+150	130

开口部位	尺寸			使用工具	开口部位	尺寸	
	A	B	C			A	B
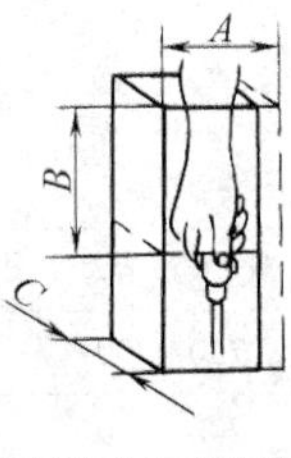	135	125	145	可使用螺钉旋具等	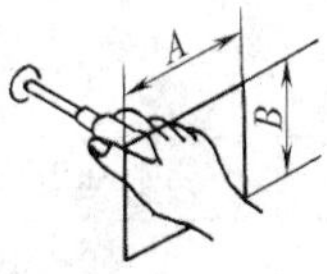	140	150

（续）

开口部位	尺寸			使用工具	开口部位	尺寸	
	A	B	C			A	B
	160	215	115	可用扳手从上旋转 60°		175	135
	215	165	125	可用扳手从前面旋转 60°		200	185
	215	130	115	可使用钳子、剪线钳等		270	205
						170	250
	305	—	150	可使用钳子、剪线钳等		90	90

表 42.3-15　体力劳动适宜的站姿工作平面高度　　　　　　（mm）

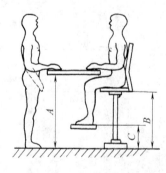

性别	轻体力劳动	中等体力劳动	重体力劳动
男子	950~1100	900~950	750~900
女子	900~1050	850~900	700~850

表 42.3-16   体力劳动适宜的坐姿工作位置的调节范围   （mm）

项　目	一般情况			粗工作	细工作	粗工作	细工作
	所有人	男子	女子	男子		女子	
固定工作面高度(A)总计	850	850	800	779	850	725	800
坐平面高度的调节范围(B)	500~650	500~650	450~600	500~575			
搁脚板高的调节范围(C)	0~300	0~250		0~175			

注：A、B、C 参见表 42.3-15 图示。

4.4   操作姿态下的有利工作区域与方向（见表 42.3-17、表 42.3-18）

表 42.3-17   立姿与坐姿操作的有利工作区域及方向   （mm）

操作类型		工作范围及方向的性质	图　示
站姿操作	手操作的有利工作区域	人站姿操作时,为使操作者有舒适的操作状态,获得较高的工作效率,应在躯干处于不动的前提下,考虑手的活动范围 A 为手臂最大可及的工作范围 B 为手臂的正常工作范围 C 为手臂的有效工作范围(活动频率数应较低) D 为手臂的有利工作范围	
	手的最佳操作方向	单侧向 60°　为一只手动作时,最轻松、速度最快的运动方向 双侧向 30°　为双手动作时,最轻松、速度最快的运动方向 双侧向 0°　为双手准确、轻松、快速操作的最好方向	
	足操作的有利工作区域	人站姿操作时,下肢要支撑全身的重量并保持人体在各种状态下的平衡及稳定,一般不允许下肢有太大的操作活动范围 C 为下肢的有效工作范围 D 为下肢的有利工作范围	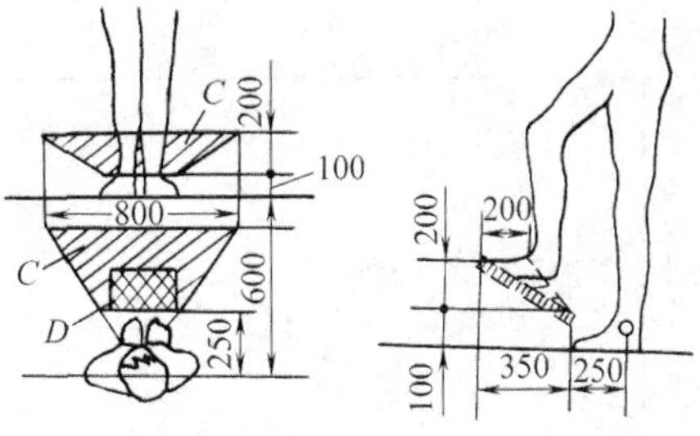

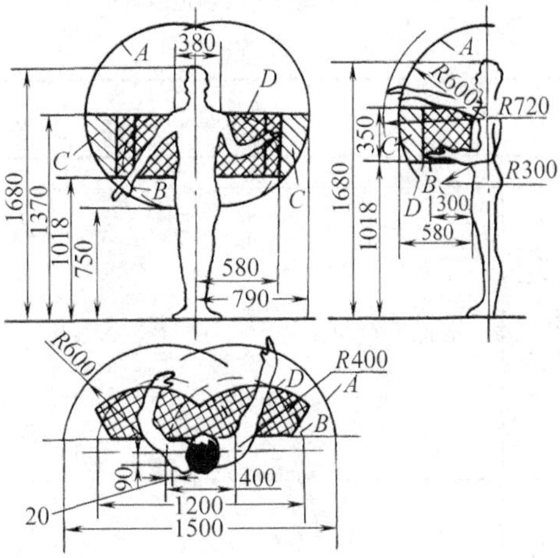

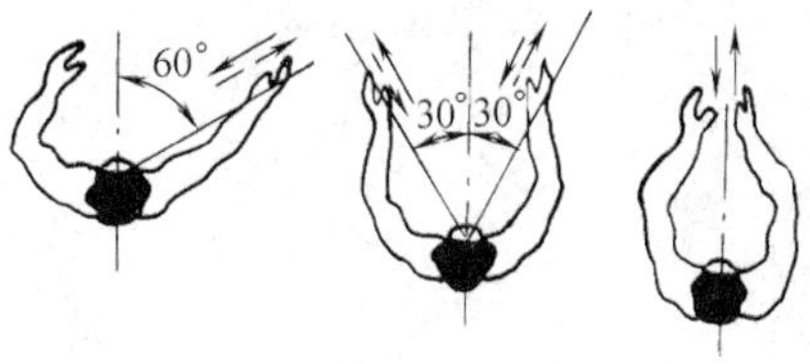

（续）

操作类型		工作范围及方向的性质	图 示
坐姿操作	手操作的有利工作区域	人坐姿操作时,在躯干处于不动的前提下 A 为手臂最大可及的工作范围 B 为手臂的有利工作范围 C 为手的最小活动范围	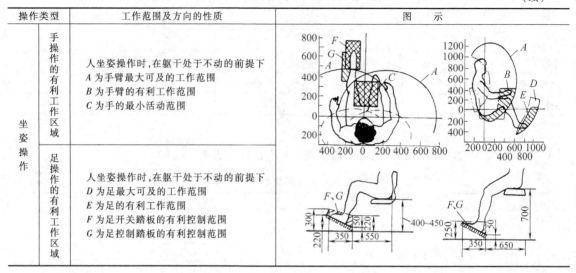
	足操作的有利工作区域	人坐姿操作时,在躯干处于不动的前提下 D 为足最大可及的工作范围 E 为足的有利工作范围 F 为足开关踏板的有利控制范围 G 为足控制踏板的有利控制范围	

表 42.3-18　工作岗位形态空间设计应用举例　　　　　（mm）

类型	说 明	应 用 图 例
男子立姿操作小型仪表机床	空间尺寸(见图例)	
男、女立姿进行仪表操作控制	A 为工作台 B 为书写位置 C 为调节与显示最佳区域 D 为较次要的调节与显示区域 E 为重要显示区域和不太重要的调节区域 F 为次要显示的辅助区域	
男子坐姿操作小型仪表机床	空间尺寸(见图例)	
男子坐姿进行仪表台(板)的操作控制	空间尺寸(见图例)	

（续）

类型	说　　明						应　用　图　例
女子坐姿进行仪表台的控制操作	尺寸	A	B	C	D	E	
	图 a	1226	530	713	436	450	a)　　b)　　c)
	图 b	1131	515	623	394	400	
	图 c	1035	500	536	351	350	

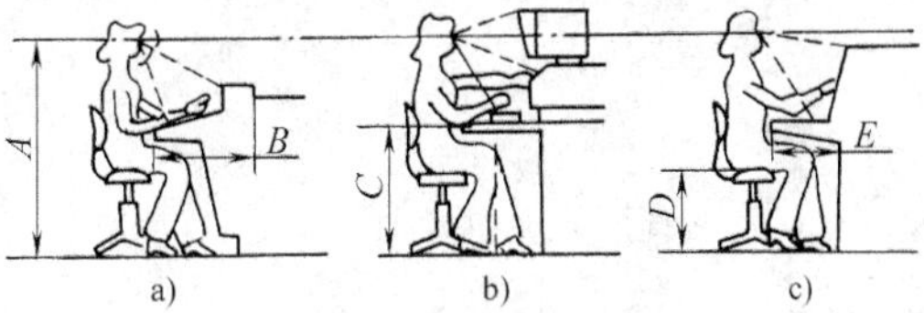

类型	说　　明	应　用　图　例
女子坐姿在荧光屏工作岗位上的操作	在工作台高度不能升降的情况下，必须选择座椅高度可调节的转椅，以调节适合的座高	

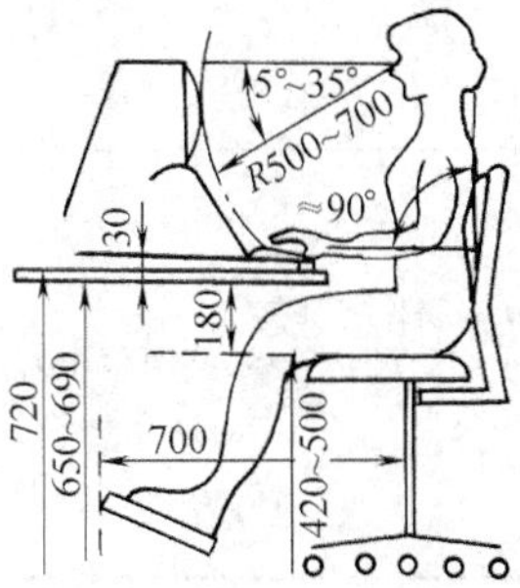

类型	说　明	γ	α	β	H	D	
汽车驾驶座的主要空间尺寸参数	小轿车	—	100°	12°	300~340	—	
	轻型载重车	20°~30°	98°	10°	340~380	300~500	
	中型载重车（长头）	40°~46°	96°	9°	400~470	400~530	
	重型载重车（平头）	60°~85°	92°	7°	430~500	400~530	

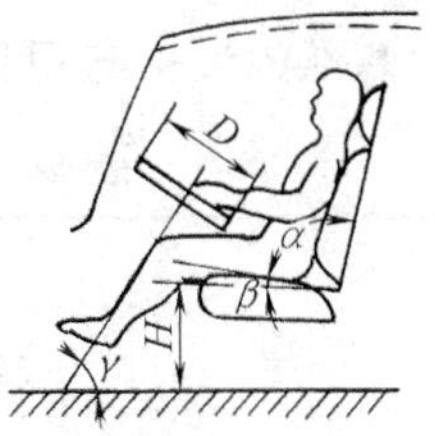

类型	代号	尺寸参数名称	短途车	中程车	长途车	
汽车乘客座椅的主要空间尺寸参数/mm	α	靠背与坐垫之间的夹角	105°	110°	115°	
	β	坐垫与水平面夹角	6°~7°	6°~7°	6°~7°	
	D	坐垫有效深度	420~450	420~450	420~450	
	H	座椅高度	480	450	440	
	E	靠背高度	530~560	530~560	530~560	
		坐垫宽度（单座）	440~450	470~480	490~550	
		靠背宽度（单座）	440~450	470~480	490~550	
	F	扶手高度	230~240	230~240	230~240	
	K	前后座椅间距	650~700	720~760	750~800	
	L	后椅坐垫前缘至前椅背面的最小距离	260	270	280	
	M	后椅坐垫前缘至前椅后脚下端的距离	550	560	580	
	N	后椅前脚至前椅后脚的水平距离	>300	>300	>300	
	P	坐垫上平面与车顶内壁间的距离	1300~1500	1300~1500	950~1000	

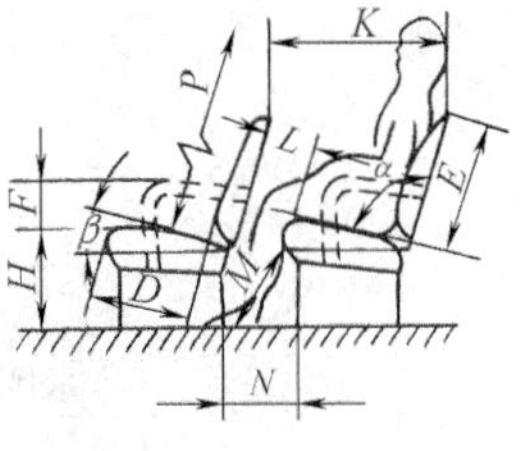

（续）

类型	说　明	应　用　图　例
适合男子站姿或坐姿的仪表台(板)控制操作	空间尺寸(见图例)	
适应男子站姿、坐姿和靠坐三种姿势的小型仪表车床操作	H 为操作者身高 车床的尺寸关系,按图例中对应的人机关系尺寸确定	

4.5　以身高为基准的设备与用具空间尺寸的推算图表（见表 42.3-19）

表 42.3-19　以人体身高推算空间尺寸的推算图表

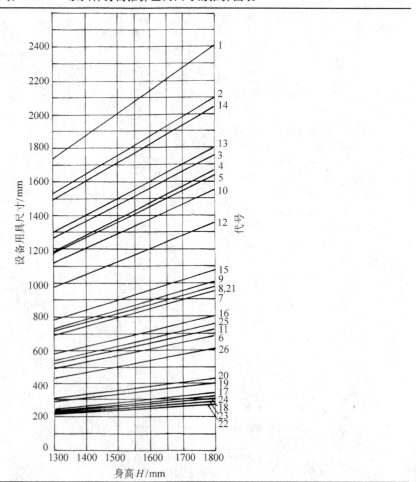

（续）

代号	图示	尺寸名称	占身高的比值	代号	图示	尺寸名称	占身高的比值
H		身高	(1/1)H	13		楼梯的顶棚高度（最小值，地面倾斜度为 25°~35°）	(1/1)H
1		举手达到的高度	(4/3)H	14		倾斜地面的顶棚高度（最小值，地面倾斜度为 5°~15°）	(8/7)H
2		可随意取放东西的搁板高度（上限值）	(7/6)H	15		能发挥最大拉力的高度	(3/5)H
3		遮挡住直立姿势视线的隔板高度（下限值）	(33/34)H	16		盥洗槽高度	(4/9)H
4		直立姿势眼高	(11/12)H	17		小憩用椅子的高度①	(1/6)H
5		抽屉高度（上限值）	(10/11)H	18		休息用椅子的高度①	(1/6)H
6		手提物的高度（最大值）	(3/8)H	19		轻度工作的工作椅高度①	(3/14)H
7		桌面高度	(10/19)H	20	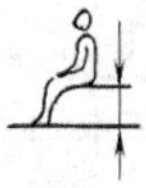	工作椅的高度①	(3/13)H
8		采取直立姿势的工作面高度	(6/11)H	21		坐高（坐姿）	(6/11)H
9		人体重心高度	(5/9)H	22		工作用椅子的椅面至靠背点的距离	(3/20)H
10		使用方便的搁板高度（上限值）	(6/7)H	23	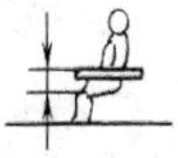	椅子扶手至椅子座面的距离	(2/13)H
11		垂直踏棍爬梯的空间尺寸（最小值，倾斜 80°~90°）	(2/5)H	24		桌面与椅子座面高差	(3/17)H
12		斜坡大的楼梯的顶棚高度（最小值，倾斜度为 50°左右）	(3/4)H	25		办公桌面高度①	(7/17)H
				26		桌下空间高度（最小值）	(1/3)H

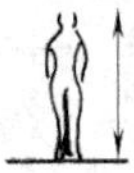

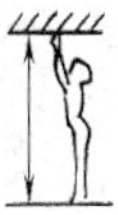

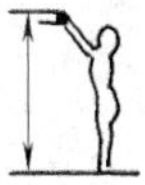

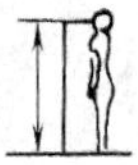

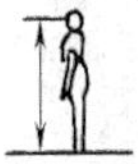

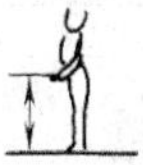

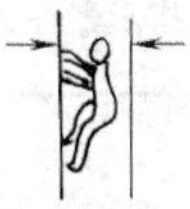

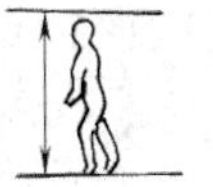

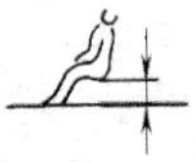

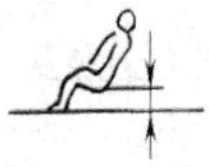

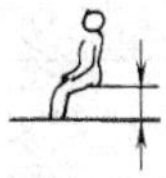

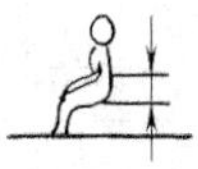

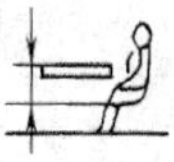

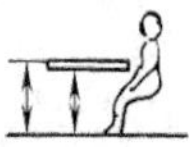

① 以座位基准点的高度计，不包括鞋高。

5 人的视野（见表 42.3-20、表 42.3-21）

表 42.3-20 人的视野特性与范围界限

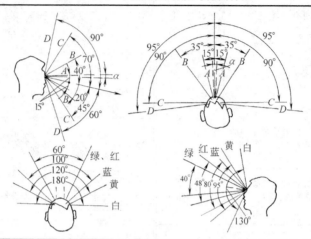

名 称		代号	定义及条件	范围界限	应用特点
视 野		—	头不动,眼可动,眼所能看见物体的范围	—	—
固定视野		—	头、眼均不动,眼所能看见物体的范围	—	—
观察物体形象	垂直视野	最舒适的视中心线位置	—	头、眼均不动	下 15°	—
		最佳视野界限	A	头、眼均不动	0°~下 30°	安置最重要的指示器
		最佳视觉区	α	头、眼均不动	0°~下 3°	安置最重要中的主要指示器
		有效(最大)视野界限	B	头、眼均不动	上 25°~下 35°	安置较主要的指示器和操纵器
		最大固定视野界限	C	头、眼均不动	上 55°~下 60°	边沿处似乎可见,但不能辨认
		扩大的视野界限	D	头部转动所扩大的视野范围	上 75°~下 75°	边沿处似乎可见,但不能辨认
	水平视野(双眼)	最舒适的视中心线位置	—	头、眼均不动	0°	—
		最佳视野界限	A	头、眼均不动	左 15°~右 15°	安置最重要的指示器
		最佳视觉区	α	头、眼均不动	左 1.5°~右 1.5°	安置最重要中的主要指示器
		有效(最大)视野界限	B	头、眼均不动	左 35°~右 35°	—
		最大固定视野界限	C	头、眼均不动	左 90°~右 90°	—
		扩大的视野界限	D	头部转动所扩大的视野范围	左 95°~右 95°	—
观察物体色彩	垂直视野	对白色的最大视野范围	—	头、眼均不动	上 65°~下 65°	安置该颜色指示器在此范围内
		对黄色的最大视野范围	—	头、眼均不动	上 45°~下 45°	安置该颜色指示器在此范围内
		对蓝色的最大视野范围	—	头、眼均不动	上 40°~下 40°	安置该颜色指示器在此范围内
		对红色的最大视野范围	—	头、眼均不动	上 22.5°~下 22.5°	安置该颜色指示器在此范围内
		对绿色的最大视野范围	—	头、眼均不动	上 20°~下 20°	安置该颜色指示器在此范围内
	水平视野(双眼)	对白色的最大视野范围	—	头、眼均不动	左 90°~右 90°	安置该颜色指示器在此范围内
		对黄色的最大视野范围	—	头、眼均不动	左 60°~右 60°	安置该颜色指示器在此范围内
		对蓝色的最大视野范围	—	头、眼均不动	左 50°~右 50°	安置该颜色指示器在此范围内
		对红色和绿色的最大视野范围	—	头、眼均不动	左 30°~右 30°	安置该颜色指示器在此范围内

表 42.3-21 不同性质工作的距离选择与固定视野关系 （mm）

工作性质	工作举例	视距离(眼至视觉对象)	固定视野直径	备 注
最精细的工作	安装最小部件(表、电子元件)	120~250	200~400	完全坐着,部分地依靠视觉辅助手段(放大镜、显微镜)
精细工作	安装收音机、电视机	250~350 (多数 300~320)	400~600	坐着或站着
中等粗活	在机床、印刷机……旁工作	500 以下	至 800	坐或站
粗活	粗磨、包装	500~1500	300~2500	多为站着
远看	开汽车等	1500 以上	2500 以上	坐或站

注：根据叶尼克（Jenik P.）《工作空间》（1965 年）及其他资料。

6 人的肢体用力限度

6.1 成人站姿操作的用力状态与范围（见表 42.3-22、表 42.3-23）

6.2 成人坐姿操作的用力状态与范围（见表 42.3-24、表 42.3-25）

表 42.3-22 成年男女站姿手臂的用力范围及力与手的状态关系

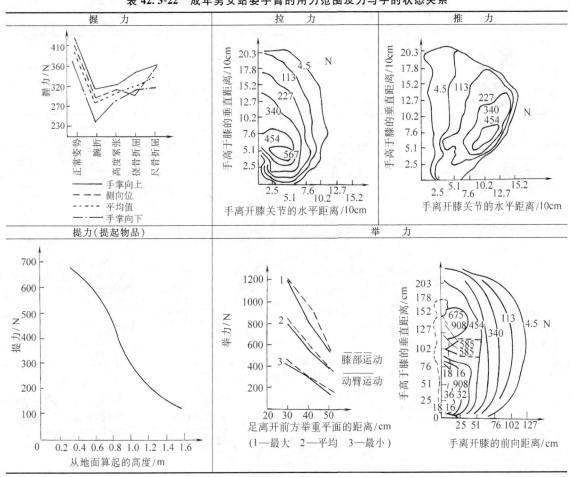

表 42.3-23 成年男女站姿手臂的用力范围   （N）

	平 均 值			用力保持时间	力与手或姿态的状态关系
握力	左手		右手	1min 左右	参见表 42.3-22 相对应的图例
	249		281		
拉力	男		女	随时间而降低	
	703		386		
提力	单手手掌向上	单手手掌向下	双手自下而上		
	272	218	1338		
扭力	直立	半弯腰	半蹲		
	男 女	男 女	男 女		
	389±130 204±80	962±342 425±201	555±249 272±141		

表 42.3-24 成人坐姿在不同操作形式下手臂的用力范围 （N）

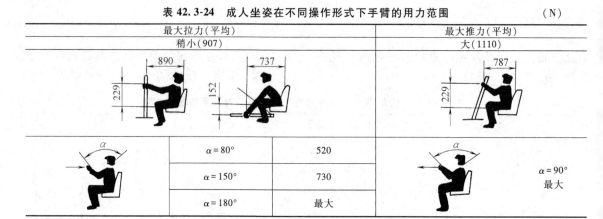

最大拉力（平均）		最大推力（平均）
稍小（907）		大（1110）
$\alpha = 80°$	520	$\alpha = 90°$ 最大
$\alpha = 150°$	730	
$\alpha = 180°$	最大	

表 42.3-25 成人坐姿脚的蹬力状态及范围

蹬力状态		蹬力大小与变化曲线	应用要点
最大蹬力	右脚	平均 2620N（标准差 454N）	—
	左脚	平均 2410N（标准差 454N）	
坐高（h）变化的蹬力变化状况	坐垫与靠背间的夹角（β）改变时的蹬力变化	 P/N 对 $\beta/(°)$ 曲线，$h=500mm$、$h=450mm$、$h=400mm$、$h=350mm$	合理选择 β 角，既适应坐姿的舒适要求，又可达到操作的蹬力要求
	坐垫与水平面间的夹角（α）改变时的蹬力变化	P/N 对 $\alpha/(°)$ 曲线，$h=500mm$、$h=450mm$、$h=400mm$、$h=350mm$	合理选择 α 角，既适应坐姿的舒适要求，又可达到操作的蹬力要求
	腿部不同屈折角状态下的最大蹬力	足蹬离座椅的垂直距离/10cm，P/N 600 1000 1400 1700 2000	合理选择足操作器的空间位置，以满足要求的蹬力值

7 显示与操控装置的设计及选择

7.1 术语

1）读出测量值。是一项识别任务，要确定显示的数值或者距规定值的差。

2）定向识别。是一项识别任务，要在瞬间检验显示数值是否与规定值吻合，偏差是否在容许范围内。

3）跟踪测量值的变化。是一项识别任务，要把握测量值变化的方法、数量级和变化速度。

4）调节。调节部件的操作。

5）调节部件。能改变信息的流动、能量的流动、材料的流动和结构件的位置调整的工作器具的元件或组件。

6）相合关系。指操作运动方向与指示运动方向之间相互适应的吻合关系。

7.2 显示装置与操控装置的组合方式（见表 42.3-26）

表 42.3-26　显示装置与操控装置的组合方式

重要性原则	显示装置与操控装置应按照其重要性进行布置，最重要的应在最佳视野区和基本控制区内，特别是与安全有关的布置需遵守此原则
操作频率原则	显示装置与操控装置按照使用频率大小进行布置，频率高的应在最佳视野区和基本控制区内
功能分组原则	显示装置与操控装置按照功能进行布置，相关的显示装置与操控器布置在对应的位置形成功能分组
顺序分组原则	显示装置与操控装置按照使用顺序进行布置

7.3 显示装置与操控的协调性设计（见表 42.3-27）

表 42.3-27　显示装置与操控的协调性设计

	定义	分类	解析
显示装置协调性设计	指显示和操控的关系保持某种对应，与人的期望相一致	概念协调性	指显示与控制在概念上保持统一，与人的期望一致
		空间协调性	指显示与操控在空间位置上的关系与人的期望一致，主要包括形式特性与逻辑关系的相似性
		运动协调性	根据人的生理信息特征，人对显示界面与操控界面的运动方向有一定的习惯定式，如顺时针旋转或自下而上，人们认为是增加，反之则减少
		量比协调性	在人机界面设计中，通过操控界面对产品进行定量调节或连续控制。在操控界面的反映上，两者的量比变化要保持一定的协调关系

7.4 硬件人机界面与软件人机界面（见表 42.3-28）

表 42.3-28　硬件人机界面与软件人机界面

硬件人机界面		界面中与人直接接触、有形的部分，与工业设计密切相关。它的发展与人类的技术发展紧密联系
软件人机界面	定义	人机间的信息界面，主要负责获取、处理系统运行过程中的命令和数据，并提供信息显示
	原则	保持信息的一致性
		为操作提供信息反馈
		合理利用空间，保持界面简洁
		合理利用颜色、显示效果来实现内容与形式的统一
		使用图形和比喻
		对用户出错的宽容性和提供良好的帮助功能
		尽量使用快捷方式
		运行动作的可逆性
		尽量减少用户的记忆需求
		快速的系统响应和低系统成本

7.5 显示与操控设计的分类与编码（见表 42.3-29～表 42.3-31）

表 42.3-29　显示设计分类与特点

仪表显示界面	数字式显示界面	用数码表示有关信息，简单、准确
	刻度指针式显示界面	模拟量表示有关信息，形象、直观
信号显示界面	视觉信号	由稳光或闪光的信号灯构成，一种信号只显示一种状态
	听觉信号	由振铃、蜂鸣器、扬声器等形式构成，其中的语言能传递大量信息
	触觉信号	用物体轮廓、表面粗糙程度传达信息
屏幕显示界面	阳极射线管（CRT）、发光二极管（LED）、离子显示、液晶显示屏（LCD）	内容丰富，信息量大，既能显示图形、符号、信号，又能显示文字、多媒体的图文动态画面与模拟仪表。从视觉信息上来说，几乎所有的内容都能显示，是当今视觉界面设计的重点

表 42.3-30　操控设计分类与特点

旋转式操控	这类界面有手轮、旋钮、摇柄等，用以改变或保持产品系统的工作状态
移动式操控	这类界面有按钮、操纵杆、手柄等，用以转换系统的工作状态，或紧急制动
按压式操控	这类界面有各种按钮、按键等，占据空间小且排列紧凑。随着电子技术的发展，其应用更普遍

表 42.3-31 操控装置的特征编码方式

形状编码	不同功能的操控器有不同的形状,且带有对应功能的隐喻,便于识别与记忆
尺寸编码	以操控器大小差异使之互相易于识别,其大小需与手脚等人体尺寸相适应,一般在人机界面设计中,大小编码不要超过三级
色彩编码	利用色彩差别进行编码,因色彩编码只能在照明条件好的情况下生效,一般不单独使用,通常与形状、尺寸编码结合使用。为了避免混淆,用色不宜太多,一般以不超过三色为宜
材质编码	根据材质的表面肌理的差别进行编码,在夜间或不能直接观察操控器的情况下,这是一种解决方法
位置编码	利用显示与操控器的不同位置进行编码,可用视觉或动觉进行辨识,操控装置之间需有一定距离且数量不宜过多
标志编码	当显示与操控装置数量较多时,可在上面或附近利用适当的文字与符号进行标注,需要注意可识别性与照明因素,文字应简单明了,符号需尽量形象化

7.6 用户界面的设计内容与准则

智能化、信息化时代的来临,标志着"产品"这一概念不再仅仅指实体产品。随着智能化电子产品的普及,带有液晶显示屏的产品将越来越多,这就意味着越来越多的产品设计需要软件界面设计;同时,互联网+催生了 App、网站等虚拟产品的大发展,其本身就是一个以界面设计为显性承载的产品。

UI 即 User Interface(用户界面)的简称,泛指用户的操作界面。UI 设计不仅仅是指界面的样式、美观程度,更重要的是指对人机交互、操作逻辑、界面美观的整体设计。好的 UI 不仅是让界面变得有个性、有品位,还要让界面的操作变得舒适、简单、自由,充分体现界面的定位和特点。从工业设计的角度看,UI 设计应该属于产品设计的一个特殊形式,只是针对的材质有所不同。

7.6.1 用户界面(UI)设计内容与流程(见表 42.3-32)

表 42.3-32 用户界面(UI)设计内容与流程

用户研究	进行人物分析,竞品分析,寻找设计重点,完成产品功能梳理,确定设计定位与设计焦点
交互设计与视觉设计	流程搭建,完成带流程的框图等低保真原型
	进行用户界面设计,同时考虑好细节交互效果
	完成仿真可交互使用的高保真原型设计
前端开发	利用 HTML5、CSS3、JS 等完成后台前端搭建
程序开发	利用程序语言完成服务器端开发
DEMO 生成,用户测试评估	通过用户评估,则产品上线;否则,则返回调整
产品上线	搜集用户使用体验反馈

7.6.2 用户界面(UI)设计经验与准则(见表 42.3-33)

用户界面不仅提供了输入机制,使得用户可以"告知"计算机自己的需求,还提供了输出机制,即计算机对于用户的操作给予一定的反馈。人们利用键盘、鼠标、触摸屏和传声器等工具,通过用户界面与计算机进行交互。

表 42.3-33 用户界面(UI)设计经验与准则

轻量化设计	遵循 80/20 原则,即只设计最好的 20%的功能
	选择具有视觉美感的色彩和布局
	为用户界面的边框和数据选择较高的信噪比
简洁	使设计保持简洁明了
	关注于主要任务,避免分散用户的注意力
	保证产品的功能性和简洁性
可操作性	使产品更易于操作,保证用户可通过多种设备(如老旧的计算机和辅助设备)来访问
	保证所有人都可以操作产品:残疾人、老年人、文化水平不高的人等
一致性	同一应用程序中使用相似的布局和术语
	采用用户熟悉的交互和导航方式
	保证用户界面与使用情境的一致性
反馈	提供及时的反馈
	通过产品当前状态告知用户产品目前的后台运行情况
容错性	预防错误的发生,提供撤销功能
	通过仅启用所需的命令来减少用户可能出现的错误操作
以用户为主导	给予用户完整的控制权
	允许用户对产品进行定制和个性化设置

7.6.3 图形用户界面（GUI）设计经验与准则（见表42.3-34）

图形用户界面（Graphical User Interface）是WIMP界面（窗口、图标、菜单以及指示器）进化后的产物，它包括可重复使用的用户界面元素，能够支持各类移动设备（如移动电话、掌上电脑和音乐播放器等），而这些设备不一定非要使用鼠标作为指示器。用户可以通过图形化的形象、图标以及二维屏幕上的元素等与应用程序进行交互，而不需要像命令行界面（CLI）那样，只能通过键盘对计算机精确地输入复杂命令。

表 42.3-34 图形用户界面（GUI）设计经验与准则

使用象征的设计手法,选择现实世界与应用程序相似的东西为其命名,如文件夹、桌面、办公用品等
确保用户能够通过用户界面的视觉特征预测出它的运行状况
以视觉提示、图标等易于用户理解的语言,传递警告和错误等信息
窗口、用户界面元素及其运行状况要使用统一主题
利用用户熟悉的图像和动作使界面更易于理解,如通过单击类似于"家"的图标可以进入主窗口
创建可重复使用的用户界面元素,如按钮、输入框和信息窗口等基本控制元素
确保界面可以对用户的行为做出反馈,并以用户可以预测且熟悉的友好方式更新界面

7.7 显示装置的形式与排列方式选择（见表42.3-35~表42.3-40）

表 42.3-35 显示装置显示方式的适用性选择

显示装置类别		识别任务				一般评语
		读出测量值	定向识别	跟踪测量值的变化	任务的混合形式	
数字量表 12.85		很适用（尤其对宽量程）	有条件地适用	不适用（不能把握测量值的快速变化）	有条件地适用（若测量值的变化很慢）	占地很小,因此可使用大号字体的数字。注意数字体系! 可用彩色数码
刻度表显示,活动的标志（如指针）,固定的刻度盘	圆周刻度盘	适用（尤其对宽量程）	很适用	很适用（尤其对宽量程）	很适用（尤其对宽量程）	成系列安排时,指针的方向可以相同,刻度盘基线可以很长,可选择零点位置。若指示测量值的标志会部分地失去角度信息,应按角度信息损失的情况来降低适用等级
	四分之三圆周刻度盘					
	半圆刻度盘	适用	很适用	很适用	主要在第2和第1象限内适用	很容易满足协调性的要求。如果显示测量值的标志会部分地失去角度信息,应按角度信息损失的情况来降低适用等级
		主要使用第2和第1象限内的刻度,其他安排位置会使识别困难,并且会扩大误差				
	四分之一圆刻度盘	适用	很适用	适用	适用（尤其对窄的量程）	
		主要使用向上方指示的或在第2象限内的刻度。刻度的其他位置会使识别困难,并且扩大误差				
	扇形刻度盘	有条件地适用（扇形面很大时）	有条件地适用（扇形面很大时）	不适用（指示范围太小）	有条件地适用	—
	横向量表	适用	适用	适用	适用	很容易满足协调性的要求。量表的基线可以很长,可以选择零点位置。如果测量值的大小存在直接的运动协调性,或者读出的时间不是临界值,"读出一个测量值"使用纵向量表比较合适
	纵向量表	有条件地适用	适用	适用	适用	

（续）

显示装置类别		识　别　任　务				一般评语
		读出测量值	定向识别	跟踪测量值的变化	任务的混合形式	
量表显示，量表活动盘固定标志（如指针）的	显示范围大部或全部可见的显示设备	适用	有条件地适用	有条件地适用	有条件地适用	—
	只有一小部分显示范围可以看到的显示设备	有条件地适用（至少有两个参数数字可见）	有条件地适用	不适用	有条件地适用	

注：表中各个象限的编号为 。

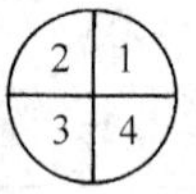

表 42.3-36　仪表零点标志排列方位的选择

排列状况		图　示	仪表零点方位排列形式
多个仪表水平排列			所有仪表零点方位水平按一直线形式排列,便于快速认读和校正
多个仪表垂直排列			所有仪表零点方位垂直按一直线形式排列,便于快速认读和校正
多个仪表矩阵形排列		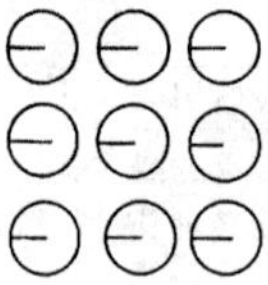	所有仪表零点方位水平分排按一直线形式排列,便于快速认读和校正
单个仪表	要求高质量的认读	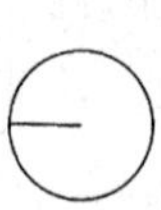	仪表零点标志的最优位置是在最左边的一点上
	眼睛在垂直运动状态下方便认读	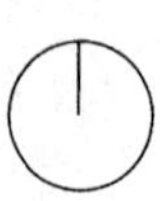	仪表零点标志的最优位置是在最上边的一点上

表 42.3-37　仪表指示运动与操纵运动的相合关系选择

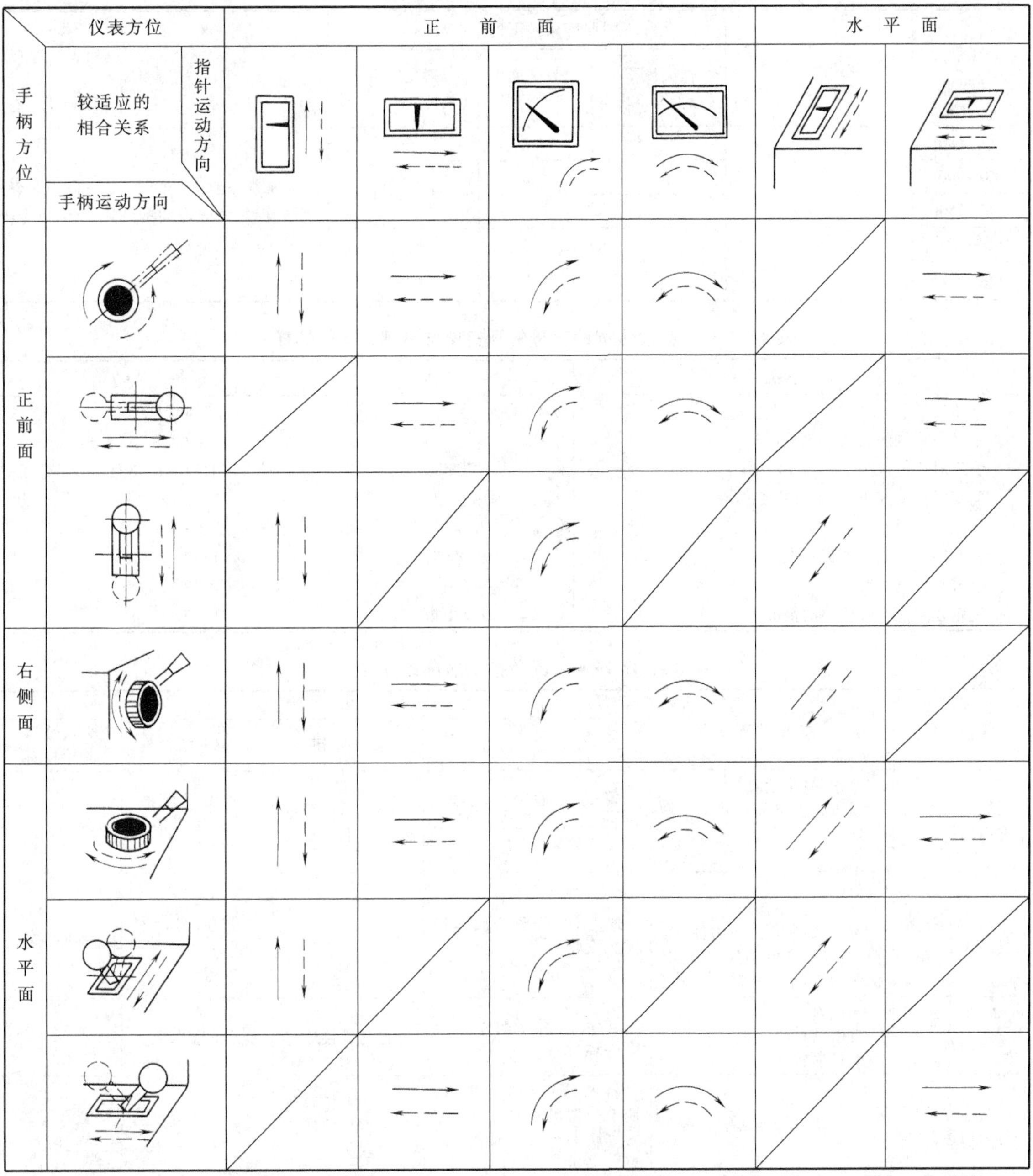

表 42.3-38　认读距离与拉丁字母、阿拉伯数字字高的关系选择

视距 /mm	字母和数字性质	不同照度条件下的字高/mm			备　注
		低亮度下 （最低 0.32lx）	中等亮度下 （一般情况）	高亮度下 （最低 110.77lx）	
最佳视距 710	重要的（位置可变）	51~76	—	30~51	视距变化时，字母的增大比率为 增大比率 = $\dfrac{视距/mm}{710mm}$
	重要的（位置固定）	36~76	—	25~51	
	不重要的	2~51	—	2~51	

（续）

视距 /mm	字母和数字性质	不同照度条件下的字高/mm			备　　注
		低亮度下 （最低 0.32lx）	中等亮度下 （一般情况）	高亮度下 （最低 110.77lx）	
小于 80	一般用途	—	2.3	—	字母数字之间的间距，最小应为 1 个笔画宽，每个词之间的间距，最小应为一个字母宽
80~900		—	4.3	—	
900~1800		—	8.6	—	
1800~3600		—	17.3	—	
3600~6000		—	28.7	—	

表 42.3-39　适宜认读的字母笔画宽度与字高之比的选择建议

认读状况	字体	笔画宽：字高
低照度下	粗	1：5
字母与背景的明度对比较低时	粗	1：5
明度对比值大于 1：12（白底黑字）	中粗至中	1：6~1：8
明度对比值大于 1：12（黑底白字）	中至细	1：8~1：10
黑色字母于发光的背景上	粗	1：5
发光字母于黑色的背景上	中至细	1：8~1：10
字母有较高的明度	极细	1：12~1：20
视距较大而字母较小的情况下	粗至中粗	1：5~1：6

表 42.3-40　颜色指示的选择应用

颜色	一般意义	应用性质			
		信号（指示）灯	操作按钮	安全标志	表示管道流动物料
红色（对比色为白色）	停止、直接危险 紧急开关设备 禁止 救火	警戒、危险警报、禁止、停止、不安全（立即采取干预措施）	停止、关闭危险情况下的行动	停止、禁止、（用于标明消防用材料）	蒸汽
黄色（对比色为黑色）	小心 警告有潜伏危险 有危险物质或会相撞、翻倒、挤压（黄黑条纹的宽度比例为 1：1~1：5）	小心（条件改变或即将发生变化）	采取措施	小心，可能有危险	其他气体
绿色（对比色为白色）	无危险 自由通过 人员急救	安全（安全运行或允许继续运行）	起动或接通	无危险急救	水
蓝色（对比色为白色）	安全技术指令和生产指令	特殊信息（遥控显示，调节位置的选择开关）作为远距离的灯光指示"注意""停止"	不与上述颜色意义重复的任何一种意义	禁止符号指示	空气 氧气
白色	—	一般信息	无特殊意义	图像符号颜色	—
黑色	—	—	无特殊意义	图像符号颜色	—
灰色	—	—	无特殊意义		真空
橙色	—	户外有雾情况下作为灯光指示	—	—	酸
紫色	—				碱
褐色	—				其他液体（油）

注：信号灯作为颜色信号编码，建议采用的编码色彩和优劣的排列次序为：黄、紫、橙、浅蓝、红、浅黄、绿、紫红、蓝、黄粉等，同一类编码用色彩不宜超过 5 种。

7.8　图形符号的设计

机械产品中大量运用图形符号作为辅助信息编码方式，主要用于警示、信息显示、操纵提示等。机械产品图形符号的选择与设计必须从人-机交互界面的关系中考虑，并且重视人的心理认知因素，如此才能使标明产品功能的图形符号具备理想的特征。具体原则见表 42.3-41。

7.9　操控、调节装置形式、参数与安置空间的选择（见表 42.3-42～表 42.3-55）

表 42.3-41　图形符号的设计原则

原　　则	说　　明	图 形 示 意
处理好图符与背景的关系	图符与背景必须达到清晰、稳定的对比效果	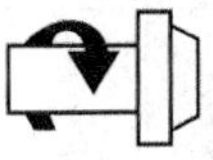 好，稳定的符号 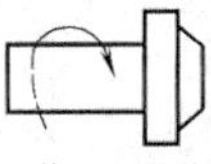　　单薄，不稳定
合理设置图符边界	对比强烈的图符边界比细的图符边界识别性强 一般规定： 动态符号—实心图形 移动或主动部分—空心轮廓 固定或非主动部分—实心图形 这样规定可以避免在复合图形中可能出现的图形叠盖现象	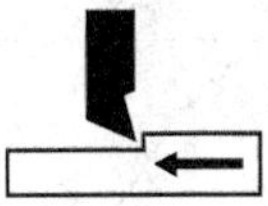
封闭图符	封闭图符可以增强认知效率，特别对于局部图符而言	
简单化	在确保意义表达的前提下，图符应该尽量简单、明确	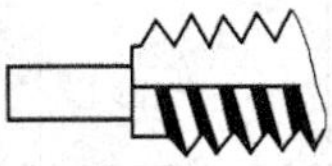 一个简单的图符容易被辨识 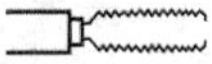　　太多的细节，弱化了符号感
整体化	图符应该尽量整体，例如，当轮廓线和指示线同时存在时，指示线最好在轮廓线内部	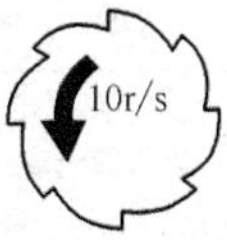 这个符号的各个部分都圈在一条轮廓线范围内，使它容易辨识 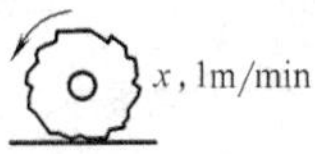　　细节性的符号在外部弱化了符号的识别性

表 42.3-42　操控、调节部件的应用可能性选择

调节的运动	调节部件举例		手握类或脚踏类	于下述情况下的适用性													
				两个工位	多于两个工位	无级调节	调节部件保持	在某一工位的	某一工位的快速调整	某一工位的准确调整	占地少	若干同时调节部件	单手同时调节	位置可见	位置可及	阻止无意调节	识别调节	可固定调节部件
转动	曲柄	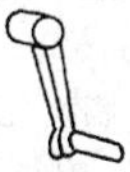	抓、握	○	○	□	□	○	○	△	△	○	○	△	○
	手轮		抓、握	○	○	□	□	○	□	△	△	△	△	△	□
	旋塞	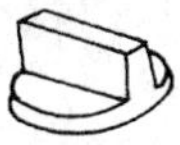	抓	□	□	□	□	○	○	□	△	□	○	○	○

（续）

调节的运动	调节部件举例		手握类或脚踏类	于下述情况下的适用性											
				两个工位	多于两个工位	无级调节	调节件保持	在某一工位的快速调整	某一工位的准确调整	占地少	若干调节部件单手同时调节	位置可见	位置可及	阻止无意识调节	可固定调节部件
转动	旋钮		抓	□	□	□	△	○	○	□	△	○	△	○	△
	钥匙		抓	□	○	△	□	○	○	□	△	□	○	○	△
摆动	开关杆		抓	□	□	○	○	□	○	△	△	□	△	△	△
	调节杆		握	□	□	□	□	□	□	□	△	□	△	□	○
	杠杆电键		手触、抓	□	△	△	△	□	△	△	△	□	△	□	△
	拨动式开关		手触、抓	□	△	△	△	□	□	□	□	□	□	□	△
	摆动式开关	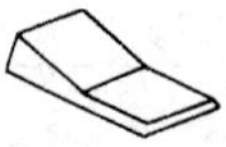	手触	□	△	△	△	□	□	□	□	○	○	△	△
	脚踏板		全脚踏上	□	○	□	□	□	□	○	△	△	△	□	○
按压滑动	钢丝脱扣器		手触	□	△	○	△	△	△	□	△	△	△	△	△
	按钮		手触、脚掌或脚踏上	□	△	△	△	□	□	□	△	○	○	△	△
	按键		手触、脚掌或脚踏上	□	△	△	△	□	□	□	△	△	△	△	△
	键盘	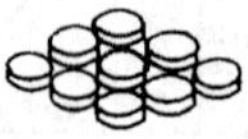	手触	□	△	△	□	□	□	□	△	△	△	△	△
	手闸	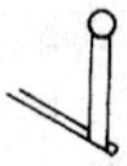	手触、抓、握	□	□	□	□	□	□	○	△	○	□	△	○

（续）

调节的运动	调节部件举例	手握类或脚踏类	两个工位	多于两个工位	无级调节	调节部件保持	在某一工位	某一工位的快速调整	某一工位的准确调整	占地少	若干调节部件单手同时调节	位置可见	位置可及	阻止无意识调节	调节部件可固定
按压滑动	指拨滑坑、形状决定	手触、抓	□	□	□	□	□	○	○	○	□	□	△	△	
	指拨滑块、摩擦决定	手触	□	△	△	□	○	○	□	△	□	□	△	□	
牵拉	拉环	握	□	○	○	□	○	○	□	△	□	□	□	□	
	拉手	握	□	○	○	□	○	○	□	△	□	□	□	□	
	拉圈	手触、抓	□	○	○	□	○	○	□	△	□	□	□	△	
	钮	抓	□	□	○	□	○	○	□	△	□	△	○	△	

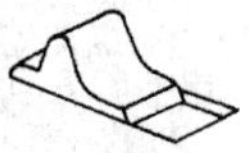

注：1. □—极适用，○—适用，△—不适用。

2. 在适用性判据中凡列为"不适用"或"适用"的调节部件，若具有适当的结构设计时，这些调节部件可视为"适用"或"很适用"，在"阻止无意识调节"项下尤为如此，但只当不可能使用其他调节部件时才可以这样做。

3. 在判断有关"某一工位的快速调整"时，考虑了接触时间。

表 42.3-43　小操作力下建议采用的调节部件

要求	调节部件
2个不连续工位	按钮、按键、拨动式开关、摆动开关、电键开关
3个不连续工位	旋转开关、拨动式开关
4~24个不连续工位	旋转开关、键盘
无级调节（线性调节或小于360°者）	旋钮、偏心轮、调节杆、调节手柄
无级调节（大于360°者）	旋钮、曲柄

表 42.3-44　大操作力下建议采用的调节部件

要求	调节部件
2个不连续工位	脚踏按钮、手压按钮、开关杆
3~24个不连续工位	转动开关、开关杆
无级调节（线性调节或小于360°者）	手轮、调节杆、调节手柄、曲柄
无级调节（大于360°者）	手轮、曲柄

表 42.3-45　操控功能与调节动作合理配合的选择建议

功能	调节动作
开	向上、向右、向前、右转、拉
关	向下、向左、向后、左转、按压
向右	向右、右转
向左	向左、左转
向上、升	向上
向下、降	向下
关闭	向上、向后、拉、右转
打开	向下、向前、按压、左转
增加	向前、向上、向右、右转
减小	向后、向下、向左、左转
前进	向上、向右
后退	向下、向左
开车	向上、向右、向前、右转
制动	向下、向左、向后、左转

表 42.3-46 旋转调节部件的调节角度与力矩的适应范围

调节部件	调节角度	力 矩		
		曲柄半径	调 节	
			单手	双手
曲柄	无限制	100mm 以下	0.6~3N·m	
		100~200mm	5~14N·m	10~28N·m
		200~400mm	4~80N·m	8~160N·m
手轮	无把60°	25~50mm	0.5~6.5N·m	
		50~200mm		2~40N·m
		200~250mm		4~60N·m
旋塞	在两个开关位置之间 15°~90°	25mm 以下，1.0~0.3N·m 25mm 以上，0.3~0.7N·m		
旋钮	无限	φ15~φ25mm，0.62~0.05N·m φ25~φ70mm，0.035~0.7N·m		
钥匙	15°~90° 在两个开关位置之间	0.1~0.5N·m		

注：最大值只是靠手操作时的推荐值。

表 42.3-47 摆动调节部件（常用）的调程与调节力的适宜范围

调节部件类型	调程/mm	调节力/N
开关杆	20~300	5~100
调节杆（单手调节）	100~400	10~200
杠杆键	3~6	1~20
拨动式开关	10~40	2~8
摆动式开关	4~10	2~8
脚踏板	20~150	30~100

注：1. 调程的数据按身体部分与调节部件之间力的作用点间距计算。
2. 若踏脚板为脚踏杠杆式，这种调节部件在很少操控和布置合理的情况下，调节力可能在900N以下，调程可为50~150mm。

表 42.3-48 按压调节部件（常用）的调程与调节力的适宜范围

调节部件	调程/mm	调节力/N
钢丝脱扣器	10~20	0.8~3
按钮	用手指，2~40	1~8
	用手，6~40	4~16[①]
	用脚，12~60	15~90
键盘	用手指，2~6（电气断路器）用手指，6~16（机械杠杆）	

① 事故开关至60N。

表 42.3-49 滑动调节部件（常用）的调程与调节力的适宜范围

调节部件	调程/mm	调节力/N
手闸	10~400	20~60
指拨滑块	5~25	1.5~20

表 42.3-50 牵拉调节部件（常用）的调程与调节力的适宜范围

调节部件	调程/mm	调节力/N
拉环	10~400	20~100
拉手	10~400	20~60
拉圈	10~100	5~20
拉钮	5~100	5~20

表 42.3-51 足操纵器的适宜用力值

足操纵器	建议用力/N
足休息时足踏板的承受力	18~32
悬挂的足蹬	45~68
功率制动器	直至68
离合器和机械制动器	直至136
离合器和机械制动器的最大蹬力	272
方向舵	726~1814
可允许的足蹬力最大值	2268
创纪录的足蹬力最大值	4082

表 42.3-52 按手轮、摇把应用特点选择适宜的旋转半程

手轮及摇把	应用特点	建议采用的 R 值/mm
	一般转动多圈	20~51
	快速转动	28~32
	调节指针到指定刻度	60~65
	追踪调节用	51~76

表 42.3-53 按安置状况和力矩值选择适宜的手轮直径

离地高度/cm	离开水平线的斜度/(°)	操纵器	在力矩为下列数值时,操纵器应有的直径/cm²			
			0N·cm	230N·cm	460N·cm	1040N·cm
91.4	0(前方)	手轮	7.6~20.3	25.4~40.6	25.4~40.6	40.6
91.4	0(侧方)	手轮	7.6~15.2	25.4	25.4	25.4
91.4	0(前方)	摇把	3.8~11.4	6.4~19.1	11.4~19.1	11.4~19.1
100.0	-45	手轮	7.6~15.2	25.4~40.6	25.2~40.6	25.4~40.6
100.6	-45	摇把	6.4~19.1	6.4~19.1	11.4~19.1	11.4~19.1
106.7	+45	手轮	7.6~15.2	15.2~25.4	25.4	25.4~40.6
106.7	+45	摇把	6.4~11.4	6.4~11.4	6.4~11.4	11.4

表 42.3-54　手轮、摇把安置的空间位置选择

安置状况	图　例	适应范围
转轴与人体前方平面成 60°~90° 夹角	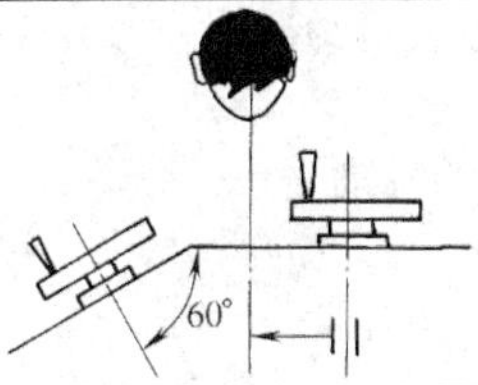	适用于需快速转动的摇把或手轮
转轴与人体前方平面相平行,离地面高度在 1000~1050mm 范围内	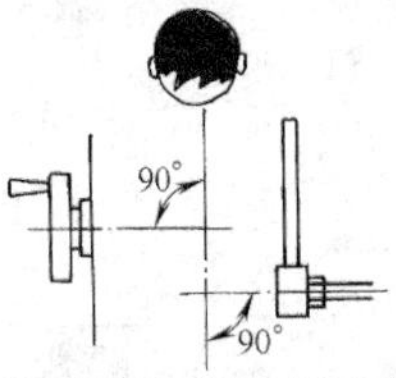	适用于需用力较大的状况
转轴与人体前方平面相平行,离地面高度接近操作者的肩部尺寸	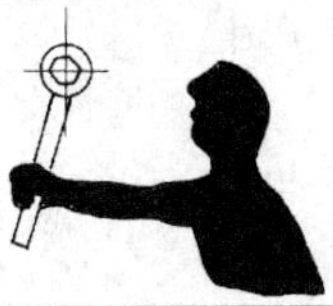	适用于施加很大的推力

表 42.3-55　操纵器和仪表在控制面板上合理分布的建议

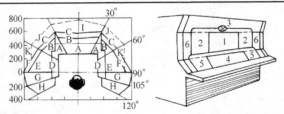

项目	操纵器和仪表的特征	建议的分布区域(字母、数字与图相对应)
使用情况	常用	4,A,D
	次常用	5,B,E
	不常用	6,C,F,G,H,I,J,K
	按仪表进行操作(不向外观察)	A,B,C
	要求精确度较高	A,B,C,I,J
	视敏度要求较小	D,E,F,G,H,K
操作条件	按钮	B,C,F,H,I,J,K
	操纵杆	操纵点前方 300mm 区域
	手指操作	操纵点前方 50~80mm 区域
	手腕操作	A,B,E,G
	操作运动细长	A,B
	操作运动按不同特征而有差别	C,D,E,F,G,H
	手部用力大于 120N	A,B,E,G
仪表	最常用、最重要者	1
	第二级	2
	较少用、较次要者	3

8　环境要素设计

8.1　工作环境的照明设计

8.1.1　术语

1) 昼光因数（采光系数）。在室内给定平面的一点上, 由于直接或间接地接收来自假定或已知亮度分布的天空而产生的天然光照度, 与此刻该天空半球在室外无遮挡水平面上产生的扩散光照度之比。

2) 照度均匀度。表示给定平面上照度变化的度量。可用下列方法中的一种表示：①最小与平均照度之比；②最小与最大照度之比。

3) 阴影。物体受日光（或其他光源）照射所产生的影子。

4）额定照度。设置照明装置区域内的平均照度的额定值，考虑了视觉作业提出的要求，以及心理、生理和经济等观点。

5）显色性。在某个光源照射下，与作为标准光源的照射相比较，各种颜色在视觉上的变化（失真）程度。一般用日光或接近日光的人工光源作为标准，其显色性最优，指数为100。

6）眩光。在视野中由于光亮度分布，或范围不适宜，或在空间或时间上存在着极端的亮度对比，以致引起不舒适和降低物体可见度的视觉条件。

7）直接眩光。由视野中的高亮度，或未曾充分遮蔽的光源所产生的眩光。

8）反射眩光。由视野中的光泽表面反射所产生的眩光。

9）失能眩光（生理眩光）。降低视觉功效和可见度的眩光。

10）不舒适眩光。引起不舒适感觉，造成过早视觉疲劳、工作效率降低、活动能力减弱，但不一定降低视觉功效或可见度的眩光。

11）眩光常数。用来评价不舒适眩光的作用程度。

$$眩光常数\ G = k\frac{L^{1.6}\Omega^{0.8}}{L_b}\times p$$

式中　k——亮度，单位用 cd/m^2 时，$k=0.478$；

　　　L——眩光源的亮度；

　　　Ω——眩光源对眼睛所张的立体角（球面度）；

　　　L_b——视野背景亮度；

　　　p——位置因数。

在视野内有几个眩光时，总眩光常数等于各眩光常数的总和，即。

$$G = G_1 + G_2 + \cdots = \Sigma G_i$$

位置因数 p 可从表 42.3-61 中查出，光源从视线方向偏移 $\theta=10°$，$\phi=0°$ 时，位置因数 $p=1$。

12）眩光指数。为简化数字，用眩光指数代替眩光常数来评价不舒适眩光的作用程度。

$$眩光指数\ GI\ =\ 10\lg G\ =\ 10\lg\Sigma\left(\frac{L^{1.6}\Omega^{0.8}}{L_b}\times p\right)$$

p 可由表 42.3-61 中查出。

立体角 Ω 可用下式计算，即

$$\Omega = A\cos\phi/l^2$$

式中　$A\cos\phi$——光源在人眼方向的表面积（投影面积）；

　　　l——光源到人眼的距离。

8.1.2 工作环境照明的一般要求与参数选择（见表 42.3-56～表 42.3-64）

表 42.3-56　室内昼光照明（不采用灯光）的基本要求

项　目	要求及改善措施
昼光因数 c（采光系数）	侧墙开窗房间　$c\geqslant1\%$ 有天窗房间　$c\geqslant4\%$ 有较高的特殊要求，具体另定
采光的均匀度 g（最低要求）	一边墙上开窗的房间 $$g=\frac{c_{min}}{c_{max}}=1:6$$ 用天窗采光的房间 $$g=\frac{c_{min}}{c_{max}}=1:2$$ 改善措施： 两侧或几侧设窗 设置固定或活动的遮阳设施 合理布置窗 采用控光玻璃 房间界面和装修采用高反射率的材料
无眩光的程度	避免太阳的直接眩光（采用遮阳设施） 避免镜面、地面、桌面的强反射眩光（合理布置方位，改善表面肌理）
阴影和光的入射方向	在辨别物体的形体很重要的房间内（车间、体育馆等），必须控制阴影的程度适当 避免光线入射方向相反的现象 当几面开窗有多个阴阳时，应采用控光玻璃，减弱相反方向的入射光，使影子变得柔和 工作位置上必须做到手和身体在工作面上的阴影不致造成干扰

表 42.3-57　工作环境灯光照明设计的基本要求

项　目	相关因素及性质	实测与设计要求
额定照度 E_n	照明装置的平均老化程度 被照区域指工作面所在位置而言	一般情况下，测定地板以上 0.85m 高的水平工作面的额定值 建筑物内的通道，测定地板以上 0.2m 高的通道中心线处的额定值 选取的照度最少必须相当于给定的额定值，计算照明装置时，应乘以最小为 1.25 的设计系数 工作面上的照度，算术平均值不低于 $0.8E_n$，任何时候和工作位置的照度，均不得低于 $0.6E_n$

（续）

项　　目		相关因素及性质	实 测 与 设 计 要 求
光色代号	暖白光 w_w	接近于 3300K 以下色温的光	依据不同的工作环境要求选择（见表 42.3-58）
	中性白光 n_w	接近于 3300~5000K 色温的光	
	日光白的光 t_w	高于 5000K 色温的光	
显性色等级（指数 Ra）	1 级, $Ra \geqslant 85$ 2 级, $70 \leqslant Ra < 85$ 3 级, $40 \leqslant Ra < 70$ 4 级, $Ra < 40$	—	室内照明一般不得采用低于 3 级显色性的光源 应能识别安全色, 工作场所不准应用单色光辐射的光源（如低压钠灯）
直接眩光限制的质量等级	1 级, 高要求 2 级, 中等要求 3 级, 低要求	灯具类型与布置方式 灯具与发射角有关的平均亮度分布 额定照度 保护角 光源在规定条件下的光通量	室内经常有人使用的工作位置上, 只有能保持符合要求的质量等级时, 才能使用漫射灯具 在检验表面工作台上, 可以与要求的质量等级有所不同 局部照明用灯具, 应避免直接看到光源

表 42.3-58　工作场所的人工照明标准值

房间或活动类型			额定照度 E_n/lx	光色代号	显色性级别	直射眩光限制的质量等级	备　　注
工厂一般用房	仓储库	停车室的通道区	50	n_w	3	—	
		同类的或大型物件的仓储室	50	n_w	3	—	
		有搜索作业要求的非同类物料的仓储室	100	n_w	3	3	允许用高压钠灯
		需进行阅读作业的仓储室	200	n_w	3	2	
	自动高架仓库	通道	20	n_w	3	3	—
		工作台	200	n_w	2	1	
		发料	200		3	2	
	休息室、医疗保健室	食堂	200	w_w	2	1	有时另加镜前照明
		其他休息室	100	n_w	2	1	
		人体平衡训练室	300		2	1	
		更衣室	100		2	2	
		盥洗室	100		2	2	
		厕所	100		2	2	
		医务室、急救室、治疗室	500		1	1	
	住房用技术设施	机房	100		3	3	—
		电源间和配电间	100		3	3	
		电传室、邮电所	500		1	1	
		电话交换台	300		2	1	
	房屋内的通道	人行通道	50	—	3	3	额定照度应与相邻房间适应: $E_{n1} \geqslant 0.1 E_{n2}$, 其中 E_{n1} 为通道的 E_n, E_{n2} 为相邻房间的 E_n
		人行和车辆用的通道	100	—	3	3	
		楼梯、电梯间和斜坡通道	100	w_w	—	—	
		装卸站台	100	—	3	3	
		通道区内自动运输装置或传送带	100	n_w	3	3	

（续）

房间或活动类型			额定照度 E_n/lx	光色代号	显色性级别	直射眩光限制的质量等级	备　注
工厂一般用房	办公室或类似办公室的房间	只有靠近窗户的工作位置采用昼光照明的办公室	300	—	2	1	按工作位置布置的一般照明，工作位置上的照度至少为 $0.8E_n$ 高反射率：顶棚至少为 0.7，墙/活动隔墙至少 0.5，允许采用局部照明 E_n 相对于画板的使用位置与水平成 75°夹角。中点高度为 1.2m，图表显示装置工作台的标准正在制订中
		办公室	500	—	2	1	
		大空间办公室			2	1	
		——高反射率	750	—			
		——中等反射率	1000	—			
		工程制图	750	—	2	1	
		会议室和洽谈室	300	n_w	2	1	
		接待室	100		2	1	
		有公共交通的房间	200		2	1	
		数据处理机房	500		2	1	
机械制造工业用房	机械加工车间	车、铣、刨等粗加工和中等精度加工的车床工作允许公差为 ≥0.1mm	300	w_w	3	2	允许有不同的范围，参见 DIN7168
		精密车床工作允许公差 <0.1mm	500	n_w	3	1	
		画线和检验台,测量台	750	—	3	1	
	装配车间	粗	200	w_w	3	2	—
		中等精度	300	n_w	3	1	
		精密	500	—	3	1	
	冷作车间	冷轧	200	—	3	3	允许用高压钠灯
		拉丝、拔管、带钢冷弯成形	300	w_w	3	2	
		重型板材加工(≥5mm)	200	n_w	3	2	
		轻型板材加工(<5mm)	300	—	3	2	
		手工工具和切削制品加工	500	—	3	1	
	锻焊车间	小部件的自由模锻	200	w_w	3	2	允许采用高压钠灯
		焊接	300	n_w	3	2	
	铸造车间	地下人行沟道、传动带通道、地下室等	50	—	3	3	—
		平台	100	—	3	3	
		砂处理	200	—	3	3	
		铸件清理车间	200	—	3	2	允许采用高压钠灯
		化铁炉和混铁炉工作台	200	w_w	3	2	
		浇注车间	200	n_w	3	2	
		落砂车间	200	—	3	2	
		机械造型车间	200	—	3	2	
		手工造型车间	300	—	3	2	
		型芯制作车间	300	—	3	2	—
		木模车间	500	—	3	1	
	表面处理车间	电镀	300	w_w	3	2	采用局部照明
		刮铲、涂装	300	n_w	3	1	
		检查台	750		2	1	
		工具、量具和夹具制造,精密机械,特级精密安装	1000	t_w	3	1	
	汽车车身制造车间	车身毛坯	500	—	3	2	在装配线上要求采用与工作位置相联系的荧光灯照明时,如果工艺上需要可以不必限制眩光
		车身表面加工	500	—	3	2	
		涂装室	750		3	—	
		涂装磨光车间	750	w_w	3	1	
		涂装修整间	1000	n_w	3	1	
		弹簧垫制作间	500	t_w	3	2	
		车体和车厢最后组装	500		3	2	
		检验	750	—	3	1	

（续）

房间或活动类型		额定照度 E_n/lx	光色代号	显色性级别	直射眩光限制的质量等级	备注
电气制造工业用房	电缆和导线制造,线圈涂装和浸渍,大型机械简单安装工作,粗导线线圈和电枢的绕线	300	w_w、n_w	3	1	以采用局部照明为宜
	电话机和小型电动机的安装,中等导线线圈和电枢的绕线	500		3	1	
	精密电器、广播器材和电视机安装,细导线线圈的绕线,熔丝制作,调整、校验、校准	1000	w_w	3	1	
	特别精密的部件电子组件	1500	n_w、t_w	2	1	
饰表品工业和制用房	饰品制造	1000	w_w	2	1	以采用局部照明为宜
	宝石加工	1500	n_w	1	1	
	光学器具和钟表制作车间	1500	t_w	2	1	
手工业和小作坊（各种行业示例）	钢结构组件除锈和涂装	200	—	3	2	—
	暖气和通风设备的预装	200	w_w	3	2	
	五金和镀锌铁(白铁)作坊	300	n_w	3	2	
	汽车修车场	300	—	3	2	
	建筑细木工	500	—	3	2	
	机械仪器修理店	500	—	3	2	
	收音机和电视机修配店	500	—	3	2	

注：光色代号见表 42.3-57。

表 42.3-59 眩光常数与相应的不舒适程度

眩光常数 G	不 舒 适 程 度	眩光常数 G	不 舒 适 程 度
>600	难以忍受	35	正好,可以接受
600	开始感到难忍	35~8	已觉察到,但可以接受
600~150	不舒适	8	开始觉察到
150	开始感到不舒适	<8	无影响
150~35	分散注意力,但并未感到不舒适		

表 42.3-60 室内照明眩光指数限度

场 所	分 类	眩光指数限度	场 所	分 类	眩光指数限度
办公室	一般办公室	19	工 厂	粗糙装配车间	28
	制图室	16		普通作业车间	25
学校	教 室	16		精密装配车间	22
医院	病 房	13		超精密装配车间	19
	手术室	10			

表 42.3-61 光源位置因数 p

		水平角 ($\phi = \arctan S/R$)															
		0°	6°	11°	17°	22°	27°	31°	35°	39°	42°	45°	50°	54°	58°	61°	63°	68°	72°	
(V/R)	1.9	—	—	—	—	—	—	—	—	0.02	0.02	0.02	0.02	0.02	0.02	0.02	0.02	0.02	0.02	62°	垂直角 ($\theta = \arctan V/R$)
	1.8	—	—	—	—	0.02	0.02	0.02	0.02	0.02	0.02	0.02	0.02	0.02	0.02	0.02	0.02	0.02	0.02	61°	
	1.6	0.03	0.03	0.03	0.03	0.03	0.03	0.03	0.03	0.03	0.03	0.03	0.03	0.03	0.03	0.03	0.03	0.03	0.03	58°	
	1.4	0.04	0.04	0.04	0.04	0.04	0.04	0.04	0.04	0.04	0.04	0.04	0.04	0.04	0.04	0.04	0.03	0.03	0.03	54°	
	1.2	0.05	0.05	0.06	0.06	0.06	0.06	0.06	0.06	0.06	0.06	0.06	0.05	0.05	0.05	0.04	0.04	0.04	0.04	50°	
	1.0	0.08	0.09	0.09	0.10	0.10	0.10	0.10	0.10	0.09	0.09	0.09	0.07	0.06	0.06	0.06	0.05	0.05	0.05	45°	
	0.9	0.11	0.11	0.12	0.13	0.13	0.13	0.12	0.12	0.12	0.11	0.11	0.09	0.08	0.07	0.07	0.06	0.06	0.05	42°	
	0.8	0.14	0.15	0.16	0.16	0.16	0.16	0.15	0.15	0.14	0.13	0.12	0.11	0.09	0.08	0.08	0.07	0.06	0.06	39°	
	0.7	0.19	0.20	0.22	0.21	0.21	0.21	0.20	0.18	0.17	0.16	0.14	0.12	0.11	0.10	0.09	0.08	0.07	0.07	35°	

（续）

(V/R)	水平角 （φ = arctan S/R）																		垂直角 (θ = arctan V/R)
0.6	0.25	0.27	0.30	0.29	0.28	0.26	0.24	0.22	0.21	0.19	0.18	0.15	0.13	0.11	0.10	0.10	0.09	0.08	31°
0.5	0.35	0.37	0.39	0.38	0.36	0.34	0.31	0.28	0.25	0.23	0.21	0.18	0.15	0.14	0.12	0.11	0.10	0.09	27°
0.4	0.48	0.53	0.53	0.51	0.49	0.44	0.39	0.35	0.31	0.28	0.25	0.21	0.18	0.16	0.14	0.13	0.11	0.10	22°
0.3	0.67	0.73	0.73	0.69	0.64	0.57	0.49	0.44	0.39	0.34	0.31	0.25	0.21	0.19	0.16	0.15	0.13	0.12	17°
0.2	0.95	1.02	0.98	0.88	0.80	0.72	0.63	0.57	0.49	0.42	0.37	0.30	0.25	0.22	0.17	0.17	0.15	0.14	11°
0.1	1.30	1.36	1.24	1.24	1.01	0.88	0.79	0.68	0.62	0.53	0.46	0.37	0.31	0.26	0.23	0.20	0.17	0.16	6°
0	1.87	1.73	1.56	1.36	1.20	1.06	0.93	0.80	0.72	0.64	0.57	0.46	0.38	0.33	0.28	0.25	0.20	0.19	0°
	0	0.1	0.2	0.3	0.4	0.5	0.6	0.7	0.8	0.9	1.0	1.2	1.4	1.6	1.8	2.0	2.5	3.0	(S/R)

表 42.3-62　室内照明器符合限制眩光要求的最低悬挂高度

光源种类	照明器形式	保护角/(°)	灯泡功率/W	最低悬挂高度/m
白炽灯（因为能源消耗问题，该光源不建议采用，推荐采用LED光源）	带搪瓷反射罩或镜面反射罩	10~30	100 及以下 150~200 300~500 500 以上	2.5 3.0 3.5 4.0
	带金属反射罩，保护角 30°以上，带封闭式漫透射（乳白玻璃）灯罩	—	100 及以下 150~200 300~500 500 以上	2.0 2.5 3.0 3.5
	带有敞口或下部透明，在 60°~90°区域内为乳白玻璃的灯罩	—	100 及以下 150~200 300~500 500 以上	3.0 3.0 3.5 4.0
荧光高压汞灯	带金属反射罩	10~30	250 及以下 400 及以上	5.0 6.0
卤钨灯	带金属反射罩	30 以上	500 1000~2000	6.0 7.0
荧光灯	无罩	—	40 及以下	2.0

表 42.3-63　生产车间工作面上的最低照度值

识别对象的最小尺寸/mm	视觉工作分类等级	亮度对比	最低照度/lx 混合照明	最低照度/lx 一般照明
d≤0.15	I	甲 大 乙 小	1500 1000	— —
0.15<d≤0.3	II	甲 小 乙 大	750 500	200 150
0.3<d≤0.6	III	甲 小 乙 大	500 300	150 100
0.6<d≤1.0	IV	甲 小 乙 大	300 200	100 75
1<d≤2	V	—	150	50
2<d≤5	VI	—	—	30
d>5	VII	—	—	20
一般观察生产过程	VIII	—	—	10
大件贮存	IX	—	—	5
有自行发光材料的车间	X	—	—	30

注：1. 一般照明的最低照度是指距墙 1m（小面积房间为 0.5m）、距地为 0.8m 的假定工作面上的最低照度。

2. 混合照明的最低照度是指实际工作面上的最低照度。

3. 一般照明是指单独使用的照明。

表 42.3-64　亮度对比最大值

室内各部分	办公室	车间
工作对象与其相邻近的周围之间（如书或机器与其周围之间）	3:1	3:1
工作对象与其离开较远处之间（如书与地面、机器与墙面之间）	5:1	10:1
照明器或窗与其附近周围之间	—	20:1
在视野中的任何位置	—	40:1

8.1.3　光源的色温与显色性的选择

（1）色温

各种光源都具有固有的颜色，光源的颜色可以用色温来表示。当热辐射光源的光谱与加热温度为 T 的黑体发出的光谱分布相似时，则将温度 T 称为该光源的色温，其单位是热力学温度（K）。各种光源的色温度见表 42.3-65。因光源的色温不同，人对照度和色温有表 42.3-66 所示的一般感觉。

表 42.3-65   各种光源的色温度

光　源	色温度/K	光　源	色温度/K
太阳(大气外)	6500	钨丝白炽灯(100W)	2740
太阳(在地表面)	4000~5000	钨丝白炽灯(1000W)	2020
蓝色天空	18000~22000	荧光灯(昼光灯)	6500
月亮	4125	荧光灯(白色)	4500
蜡烛	1925	荧光灯(暖白色)	3500
煤油灯	1920	镝铟灯	6000
弧光灯	3780	钪钠灯	3800~4200
钨丝白炽灯(10W)	2400	高压钠灯	2100

表 42.3-66   人对照度和色温的一般感觉

照度 /lx	对光源色的感觉		
	暖	中间	冷
≤500	愉快	中间	冷
>500~1000	↑	↑	↑
>1000~2000	刺激	愉快	中间
>2000~3000	↓	↓	↓
>3000	不自然	刺激	愉快

研究表明，在不同的照明环境中，照明水平和反映照明光性质的色温都能影响人的舒适度。图 42.3-1 给出了照度水平与色温舒适感的关系。在低照度下，舒适光的色温接近火焰的低色温；在高照度下，舒适的光色是接近正午阳光或偏蓝的高色温光色。该结论与人长期对自然光和火焰光的适应性有关。

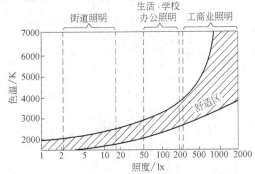

图 42.3-1   照度水平与色温舒适感关系

（2）显色性

由光源所表现的物体色的性质称为光源的显色性。通常，光源的显色性用显色指数来表示，平均显色指数 Ra 是从光的光谱分布计算求出的。在显色性的比较中，一般是以日光或接近日光的人工光源作为标准光源，其显色性最优，将其显色指数 Ra 用 100 表示，其余光源的显色指数均小于 100。各种光源的平均显色指数见表 42.3-67。室内照明光源显色性可按表 42.3-68 规定选取。

表 42.3-67   各种光源的平均显色指数

光　源	显色指数
白色荧光灯	65
日光色荧光灯	77
暖白色荧光灯	59
高显色荧光灯	92
水银灯	23
荧光水银灯	44
金属卤化物灯	65
高显色金属卤化物灯	92
高压钠灯	29
氙灯	94

表 42.3-68   光源的显色性分组

显色性组别	显色指数范围	应 用 示 例	
		优 先 采 用	允 许 采 用
1A	$Ra \geqslant 90$	颜色匹配 医疗诊断	—
1B	$90 > Ra \geqslant 80$	办公室 医院 印刷、涂装和纺织 工业、精密加工工业	—
2	$80 > Ra \geqslant 60$	工业生产	办公室
3	$60 > Ra \geqslant 40$	粗加工工业	工业生产
4	$40 > Ra \geqslant 20$	—	粗加工工业

8.2 工作环境的噪声控制设计

8.2.1 噪声环境特征（见表 42.3-69）

表 42.3-69 噪声环境特征

噪声的度量	物理度量	声学上通常用对数标尺对噪声进行测量,即用物理量的相对比值的对数——"级"来度量声音
	心理度量	响度是常用的主观评价指标,是人对声音强弱的反映,其大小取决于声音的强度和频率,其度量单位是宋(sone)
噪声对人的影响	生理影响	当人受到噪声影响时都会有一些生理反应,如血压升高、心率加快和肌肉紧张等
	对听觉的影响	针对长期影响而言,噪声对听力的损害是一个积累的过程,每次噪声只会引起短时听力丧失,但经常的短时听力丧失,会使内耳的感声细胞出现退化
	对心理的影响	1)声强度越高,高频成分越多,引起的讨厌情绪也越强 2)不熟悉和间断的噪声更令人讨厌 3)人体对某噪声的经验也是一个重要的因素 4)个体对噪声的态度和看法也特别重要 5)噪声的干扰作用的大小还在于受影响的人的作业性质及所处时间
	对语言交流的影响	当噪声增大时,就必须提高嗓门,听力也会下降,这其实是通过声音的遮蔽产生的
	对作业的影响	噪声对体力作业的影响不大,但对脑力作业的影响极大
噪声的控制和防护	噪声控制	1)场噪声测听,确定噪声源、噪声特性 2)根据有关的噪声标准确定该现场可容许的噪声水平 3)根据现场测得的结果和容许值的差值确定降噪量 4)制定技术上可行、经济上合理、效果明显的噪声控制方案 5)贯彻实施控制噪声的方案 6)对现场噪声进行重新评估,以确定噪声控制的效果
	噪声防护	噪声的防护可以从三个方面着手:控制噪声源、控制噪声的传播和自我保护

8.2.2 噪声安全标准（见表 42.3-70 ～ 表 42.3-72）

表 42.3-70 国外听力保护噪声允许标准（A 声级）

每个工作日允许工作时间/h	允许噪声级/dB(A)		
	国际标准化组织(1971 年)	美国政府(1969 年)	美国工业卫生医师协会(1977 年)
8	90	90	85
4	93	95	90
2	96	100	95
1	99	105	100
1/2(30min)	102	110	105
1/4(15min)	115(最高限)	115	110

表 42.3-71 我国工业企业的噪声允许标准

每个工作日接触噪声的时间/h	新建、改建企业的噪声允许标准/dB(A)	现有企业暂时达不到标准时,允许放宽的噪声标准/dB(A)
8	85	90
4	88	93
2	91	96
1	94	99
最高不得超过	115	115

表 42.3-72 ISO 公布的各类环境噪声标准

Ⅰ. 不同时间的修正值/dB(A)	
时间	修正值
白天	0
晚上	-5
夜间	-10～-15
Ⅱ. 不同地区的修正值/dB(A)	
地区分类	修正值
医院和要求特别安静的地区	0
郊区住宅,小型公路	+5
工厂与交通干线附近的住宅	+15
城市住宅	+10
城市中心	+20
工业地区	+25
Ⅲ. 室内修正值/dB(A)	
条件	修正值
开窗	-10
单层窗	-15
双层窗	-20
Ⅳ. 室内噪声标准/dB(A)	
室内类型	允许值
寝室	20～50
生活室	30～60
办公室	25～60
单间	70～75

8.3　工作环境的振动控制设计

8.3.1　振动环境特征（见表 42.3-73）

表 42.3-73　振动环境特征

振动的度量	振动通常从方向、强度和振动变化率三个方面加以度量	
振动对人的影响	①振动传入人体的作用点；②振动频率；③振动的加速度；④受振动的时间；⑤共振频率	
共振峰	第一共振峰	4~8Hz，传递率最大，其生理效应也最大，胸部共振，对胸腔内脏影响最大
	第二共振峰	10~12Hz，其生理效应仅次于第一共振峰，腹部共振，对腹部内脏影响较大
	第三共振峰	20~25Hz，其生理效应稍低于第二共振峰
振动的控制	减少或消除振动源：①采取隔振措施，即利用振动元件之间阻抗的不匹配来降低振动传播；②采取阻尼措施，即使用橡皮等高阻尼材料用于振动装置的活动部分，使振动能量转换成热能耗散掉；③改进振动工具	
	限制接触振动时间	
	合理安排工作和休息时间	
	采用穿防振鞋、戴防振手套等个体防护措施	

8.3.2　全身承受振动的评价标准

ISO 2631《人体承受全身振动的评价指南》是国际标准化组织推荐的振动评价标准。该标准提出，以振动加速度有效值、振动方向、振动频率和受振持续时间这四个基本振动参数的不同组合来评价全身振动对人体产生的影响。ISO 2631 根据振动对人的影响，规定了 1~80Hz 振动频率范围内人体对振动加速度均方值反应的三种不同感觉界限，即：

1）健康与安全界限（EL）。人体承受的振动强度在这个界限内，人体将保持健康和安全。

2）疲劳-降低工作效率界限（FDP）。当人体承受的振动在此界限内时，人将能保持正常的工作效率。

3）舒适降低界限（RCB）。当振动强度超过这个界限时，人体将产生不舒适反应。

三种界限之间的简单关系为

$$EL = 2FDP（两者相差 6dB）$$

$$RCB \approx \frac{FDP}{3.15}（两者相差 10dB）$$

8.4　工作环境的小气候要求（见表 42.3-74）

表 42.3-74　推荐的工作环境气候值

工作类别	空气温度/°C			相对湿度（%）			空气流速/$m \cdot s^{-1}$
	最低	最佳	最高	最低	最佳	最高	最大
办公室工作	18	21	24	30	50	70	0.1
坐着轻手工劳动	18	20	24	30	50	70	0.1
站着轻手工劳动	17	18	22	30	50	70	0.2
重劳动	15	17	21	30	50	70	0.4
最重劳动	14	16	20	30	50	70	0.5

注：室温与周围物体及墙壁表面的温度差，在最佳气候设计中不得大于2℃。

8.5　工作环境的安全防护设计

8.5.1　术语（见表 42.3-75）

表 42.3-75　术语的定义

名称	定义	名称	定义
防护措施	防护措施为可以用半封闭的对于飞来的物体起防护作用的措施	盖板	防护设备，直接安装在危险地段，并从其遮盖的那一面阻止进入危险地段
挡板	保护设备，直接安装在危险地段。它能够单独地或与其他设备共同阻止进入危险地段	围栏	防护设备，与栅栏、拱杆的形状不同，与危险地段间保持要求的安全距离，使人们不能进入危险地段

（续）

名　称	定　义	名　称	定　义
危险地段	指某种工业生产中的静止部分或运动部分,因其结构或外形有可能发生伤害的地段 特别是下列一些危险地方,即挤压、剪钳、切割、穿刺、碰撞、抓拉、挤入、收缩、拥挤等 例如可能发生:齿轮、链条和蜗轮等的运转;锥形传动带、平板式传动带、带以及缆索传动;辐轮、飞轮;轴和轴头、轧辊、拖运器、落锤及其他有相对运动的部件	抓拉地段	危险地段:存在运动的锐利棱边、齿、楔、螺栓、润滑油盒、轴和轴头等,可能将人体的某些部分或所穿的衣服抓住并拖进
压挤地段	危险地段指物体间相对运动,或某一部分对另一些部分做运动的地段。在这个地段,人或人体的某些部分可能被挤压伤	收缩地段 拥挤地段	危险地段:物体运动时构成狭小的空间,有可能将人、人体某些部位或所穿衣服拉进这个狭小区域里而造成危险。例如,齿轮、链条、运转,就会形成收缩地段;在转盘、车轮、轧辊、轴、传动带或带、缆索等之间,就会形成拥挤的地段
剪钳地段	危险地段指物体做相对运动或这一部分对另一些部分做运动的地段。在这个地段人或人体的某些部分可能被挤压伤或被切断	可及范围	确定最大的可及范围,即人在没有帮助的情况下,用其身体部分做上伸、下伸、向里、越过、旋转和伸入等动作时所能达到的距离范围
切割、穿刺和碰撞地段	危险地段有运动着的或静止不动的、锐利的、带刺或钝的物体可能会对人体或人体某些部分带来伤害	安全距离	这个距离相当于可及范围或者身体尺寸,另加相应的附加距离

8.5.2　常用的安全防护设计

安全防护是通过采用安全装置或防护装置对一些危险进行预防的安全技术措施。

（1）常用安全防护装置（见表42.3-76）

（2）防护装置设计要求

专为防护人身安全而设置在机械产品上的各种防护装置,其结构和布局应设计合理,使人各部位均不能直接进入危险区。

机械式防护装置设计应符合与人体测量参数相关的尺寸要求。

（3）工作环境安全防护的一般要求与参数选择

（见表42.3-77～表42.3-80）

表42.3-76　常用安全防护装置

安全装置	防护装置
定义:通过其自身的结构功能限制或防止机器的某些危险运动,或限制其运动速度、压力等危险因素,以防止危险的产生或减小风险	定义:通过物体妨碍方式防止人或人体部分进入危险区
具体装置包括: 联锁装置　　止动装置 双手操纵装置　自动停机装置 机器抑制装置　限制装置 有限运动装置　警示装置 应急制动开关	具体装置包括: 机壳　　防护罩 防护屏　防护门 盖板　　封闭式装置

表42.3-77　危险地段（部位）对人的安全距离

安全距离性质	尺寸范围/mm							
上伸可及(身体挺直伸展时)	2500							
	至危险区的水平距离 c							
下伸可及和越过可及 a 为地面至危险点的距离 b 为防护设备的边(角)高度 c 为危险点边(角)的水平距离	地面上危险区高度 a	棱边高度 b[①]						
		2400	2200	2000	1800	1600	1400	1200	1000
	2400	—	100	100	100	100	100	100	100
	2200	—	250	350	400	500	500	600	600
	2000	—		350	500	600	700	900	1100
	1800	—			600	900	900	1000	1100
	1600	—			500	900	900	1000	1300
	1400	—			100	800	900	1000	1300
	1200	—				500	900	1000	1400
	1000	—				300	900	1000	1400
	800	—					600	900	1300
	600	—						500	1200
	400	—						300	1200

（续）

尺寸范围 /mm	示意图				
	距离 /mm	$r \geqslant 120$	$r \geqslant 230$	$r \geqslant 550$	$r \geqslant 850$
	身体部位	手(指根到指尖)	手(手腕至指尖)	臂(肘至指尖)	臂(腋下至指尖)
安全距离性质		自由摆动(身体相应部分关节是紧贴在防护设施的某条边上)			

① 棱边 b 低于 1000mm 者未列入,因探越距离不会更大,而且有栽跌到危险区里的危险。

表 42.3-78 防护栏的空间尺寸及安全距离

安全距离性质	形式	尺 寸 范 围 /mm				
伸入可及和穿过可及	长形开口	开口宽度、直径或边长 a	>4a≤8	>8a≤20	>20a≤30	>30a≤135	≥135
		至危险区距离 b	≥15	≥120	≥200	≥850	—
		身体部位	手指尖	手 指	手至拇指根	臂	—
		示意图	—				
		说明:开口宽度在 250mm 以上者,身体可以弯着进去,属于探越距离项内					
	方形或圆形开口	四角形或长缝的开口宽度 a	>4a≤8	>8a≤25	>25a≤40	>40a≤250	≥250
		至危险区距离 b	≥15	≥120	≥200	≥850	—
		身体部位	手指尖	手 指	手至拇指根	臂	—
		示意图	—				
		说明:开口距离在 135mm 以上时,身体可以钻入,属于探越距离项内					

表 42.3-79 挤压地段 (部位) 的安全距离   (mm)

身体部位	距离	示意图	身体部位	距离	示意图
身体	≥500		腿	≥180	

（续）

身体部位	距离	示意图	身体部位	距离	示意图
脚	≥120	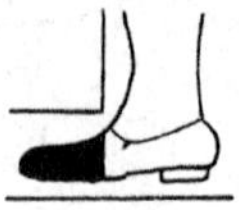	手、手腕、拳头	≥100	
臂	≥120		手指	≥25	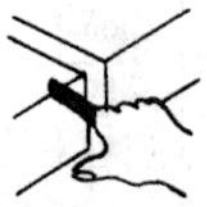

注：如果前列安全距离不小于所列尺寸，并能保证稍大的身体部分不陷进去，则夹缝部位并不视为人体有关部位的危险源。

表 42.3-80　劳动场所的危险信号及要求

类型	类别	性质	技术要求
光危险信号	光警告信号	提醒人们注意正在形成超出正常操作的特别危险情况，并含有要求人们采取减少危险的措施与报告其事态的意思	在各种情况下（昼光或灯光下），光危险信号能够清楚地识别，能与其他光源和信号区别开来 应规定它们代表的特定意义，并能引起信号接收范围内人们的注意，以及采取相应的行动 信号灯必须设置在从事有关活动的主要视野内，当主视线向下倾斜 15°时，此范围的界限为向左 45°、向右 45°、向上 40°、向下 20°，如不能设在上述视野范围内，或改变视线方向受到限制时，应采用其他形式的危险信号
	光紧急信号	表示正在发生或已经存在具有可能直接造成损害的紧急状态，它含有要求人们消除危险状态或撤离危险区的意思	信号亮度必须与周围各方面的亮度相区别，亮度必须大于相应的阈限亮度 危险信号的作用距离，应满足规定作用距离时要求的光强或亮度 信号的可识别性，不得因其他光源引起的眩光而恶化，危险信号的亮度不得太高，以致它本身形成眩光 如果采用有节奏的闪光信号作为一种重要的危险信号，则其他信号不得出现闪动，不能将闪光作为一般运动与变化的标志
声危险信号	声警告信号、声紧急信号	利用发生声音信号的设备产生不适用语言表达和光危险信号表示的警告与危险信号，它具有传送范围远、不受环境状况影响的特点，仅受环境噪声的影响。根据发生声危险信号的频率、声级和变化的时间特性，同样可分别发出声警告信号和声紧急信号	声危险信号至少应在两个声学参数（声级、频率、持续时间）上与其他信号或噪声相区别 声危险信号频率应在 500~3000Hz 范围内，最高倍频声级的平均频率与干扰声区别越大，危险信号听得越清楚 脉冲信号最好形状一致，脉冲频率应介于 0.2~5Hz 之间 危险信号的持续时间，应与危险存在的时间一致 若不能做倍频分析，则声危险信号的可听性要通过听觉试验或测量 A 评价声级来检验，信号的 A 声级应高于干扰声级 15dB

注：A 评价声级为采用大致相当于人的听觉器官在低声的范围内与频率有关的感觉来评价的 A 声压级 L_A〔单位分贝（A）或 dB（A）〕，用它来标志噪声对人的听觉器官的作用。

第4章 典型案例分析

1 以支援人类机器人为例的产品系统设计分析

丰田公司开发的支援人类机器人（Human Support Robot, HSR）已经从工业化应用转入细腻的生活服务应用（见图42.4-1），可以紧密配合目标人群的使用需要，且极具可靠性与亲和性。该系列机器人的设计与应用从工业设计方面全方位地展示了形态、功能、体验与细节设计，体现了设计的系统性、服务意识及社会责任。

图 42.4-1　支援人类机器人（HSR）的应用

1.1 设计概念

HSR 主要用于医疗护理，以维持、提高使用者的生活质量为目标，特别适用于四肢有残疾的人，可用于家庭内操作。其可达到的功能有捡拾掉在地上的东西，递东西，与人交流；正在开发完善的功能为远程监护。针对当今老龄化社会的尖锐问题与庞大的使用需求，该机器人具有极高的应用价值。

1.2 特征

三个关键的特性使得 HSR 能够在室内环境中根据人们的需求进行工作。

（1）紧凑小巧的轻量级身体

为了更好地适应各种各样的家庭情况，HSR 需要轻量化设计与更强的可操作性。铰接臂和伸缩体让 HSR 即使在小的移动范围内也可以覆盖一个大的工作空间。

（2）安全互动

考虑到人类与机器之间的接触是其在家庭环境使用的一个重要方面，HSR 的安全性设计是重中之重。为了防止意外和伤害，该机器人的手臂采用小功率驱动并缓慢移动，避障和碰撞检测有助于 HSR 在以人类为中心的环境中安全操作。

（3）简单的界面

HSR 可以通过语音命令来控制，或通过任何一种具有直观控制功能的通用手持触摸屏设备来控制，如平板电脑和智能手机。该设备需拥有简单的图形用户界面。

1.3 功能

HSR 有三个基础模块：拾取、拿取、手动控制。

（1）拾取

HSR 手臂上有一个简单的手爪，可以拿起一些物品（如笔、电视遥控器），而较薄的难以抓握的对象（如纸或卡片等）可以使用安装在手上的真空吸附装置从地面上吸起。

（2）拿取

使用语音命令或触摸屏图形用户界面，用户可以通过简单的指令命令机器人从箱子和架子上取到想取得的物品。

（3）手动控制

目前，HSR 的自主能力范围之外的任务可以通过用户界面手动执行。手动控制也可用于远程操作（"临场感"），这使得被照顾者和家庭成员与机器人的主控方可以通过网络语音通信工具或其他服务端进行交流。该功能由 HSR 头部的显示装置完成。

1.4 技术

（1）折叠手臂

HSR 的设计定位是帮助使用者在家里拿取东西，打开窗帘，捡起落物。通过身体部位的伸缩，机器人的单臂可以延伸至地板，或在桌子和高柜上挑选东西。当不使用时，手臂被设计成紧密折叠的形式，从而可以减小其身体的整体尺寸。

（2）灵活的手

HSR 手臂上的两指手爪摸起来很柔软。这种灵活的手能够适应所抓握的物体的形状，并且手上的加压吸垫可以使它吸附薄的物品，如卡片或纸张。

（3）目标识别和获取计划

目标识别算法能够让 HSR 了解项目任务的尺寸和形状，从而去捡拾和抓握物体。此信息被用来计算一个适当的手臂和手的位置的相关路径。

（4）环境认知和自主移动

机载传感器持续支持 HSR 了解其周围的环境，使其能在室内安全地浏览，进而避开障碍物，并针对其指示目的地选取最佳路径。

（5）远程功能

家人和照顾者通过使用具有网络功能的客户端访问与控制 HSR，可以很好地完成以下任务：

1）远程控制。执行家庭任务（检索对象，打开窗帘等）。

2）远程监控。照看伤残的家庭成员或家里无人的时候对家里进行监控。

3）远程通信。与家人视频聊天（"临场感"）。目前，这个功能仅能有限地在本地网络上使用，不久将会实现从远程位置访问。

HSR 将家人、朋友和社会紧密地联系在一起。

1.5　机器人的主要规格（见表 42.4-1）

表 42.4-1　机器人的主要规格

整体功能尺寸	直径 37cm，质量 32kg 圆筒型自律机器人 附带一条可集中折叠、7 自由度的手臂 驱动轮在机器人本体下面的左右侧边
身高	1005～1350mm
臂长	600mm
肩高	340～1030mm
作为肘部的第四轴的可动范围	−160°～180°
最大可抓住物体	质量 1.2kg 以下，宽度 130mm 以下
最大速度	3km/h
可登最大台阶高度	9mm
可登最大倾斜角度	5°
电源输出	17W（出于安全考虑）
其他主要功能	手部是刚好可以抓住遥控器或眼镜盒大小的 2 指夹子状构造，有吸附用的真空吸盘；手上同时也有相机、LED、照明装置 以可以与人安全接触为前提，关节轴由外力缓和机构组成 捡拾掉在地上的东西时，相机照出的影像映在平板电脑上，使用者单击欲捡拾的东西，即可控制机器人完成操作

2　以自行车为例的人机系统设计案例分析

2.1　人-自行车系统组成

自行车的功能是供人骑行，就发挥自行车的功能作用而言，把人看作自行车的组成部分是完全合理的，因此人在骑车时组成了人-车系统。该人-车系统中的人-车界面关系可由图 42.4-2 来进行分析。

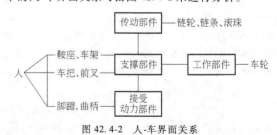

图 42.4-2　人-车界面关系

（1）人与支撑部件的关系

支撑部件主要有车架、前叉、鞍座和车把等，它是自行车的构架。支撑部件将其他零部件固定在相互间正确的位置上，从而保证自行车的整体性，实现自行车的功能。

从人机关系来看，鞍座、车把和车架等的位置和大小，以及它们间的相互关系，与骑车人的位置和肌肉的动作有着密切的联系。人坐的位置怎样更合适，车架多高使人脚蹬起来用力才方便，如何保证人的上身有正确姿势，手握车把的距离多长才合适等，都决定于人体特性的设计参数。

（2）人与动力接受部件的关系

动力接受部件主要是脚蹬和曲柄。动力是靠骑车人的双脚踩在脚蹬上，以其下肢运动的力使曲柄转动而产生的。为了使人省力和有舒适感，必须在骑自行车人的体格和体力与自行车元件的尺寸关系上下功夫，即研究人体下肢肌肉的收缩运动与曲柄转动之间的能量转换问题。

（3）人与传动部件的关系

传动部件主要是滚珠、链条和链轮。人的作用力是通过链条和链轮传动而带动后轮转动，进而使自行车前移。传动部件的设计关键是要有较高的传动效率和可靠性，且有易操纵的变速机构。只有保证较高的传动效率，才能使人用一定的肌力而获得较大的输出功率。

（4）人与工作部件的关系

工作部件就是车轮，即车圈、轮胎等。绝大部分轮胎是充气的，少数是实心的。车轮一方面把骑车人的肌肉力量有效地转换为与地面接触而向前运动的力，另一方面将骑车人的握力转换为与接地部分所产生的刹车阻力。在设计自行车的各部分尺寸、车闸及变速器等时，应该着眼于骑车人-动力-传动-工作的连贯性，才可能设计出同骑车人手的大小或握力相适应的闸把和刹车力适当的车闸，才不会发生刹车阻力不够的现象。

（5）人与不同类型自行车的关系

骑行者在骑行不同类型自行车时的姿态与舒适性是不同的。一般而言，骑行者在骑行赛车、山地车时，身体姿势明显前倾；骑行普通自行车与折叠自行车时，身体前倾较小；骑行日式女士车时，身体为端坐姿态。不同类型自行车对应的骑行者身体姿态虽有不同，但须保证在一定范围内获得类似静态坐具的骑行感受。下面以山地车与折叠车为例，介绍其骑行姿态的差别与产品人机设计、形态设计的关系。

2.2　影响自行车性能的人体因素

影响自行车性能的人体因素很多，如图 42.4-3 所示。现主要分析以下几点：

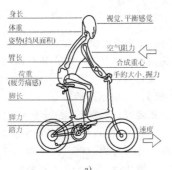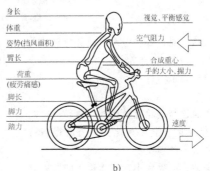

图 42.4-3　影响自行车性能的人体因素
a）折叠车　b）山地车

（1）人的体格因素

以身高 H 为基本因素，其他身体的能力与 H 成比例，并有与 H^2、H^3 成比例的特性。例如，手臂、腿、气管等的长度与身高成比例，以骨关节为中心所产生的力矩、步幅等都取决于 H 的大小；肌肉、大动脉、骨骼的截面积以及肺泡的表面积等都可看成与 H^2 成比例；肺活量、血液量、心脏容量等都可看成与 H^3 成比例。从理论上讲，体格对出力性能的影响是，弹跳能力与 H 成比例，速度能力与 H^2 成比例，做功能力与 H^3 成比例。但实际上因每个人身体素质不同，常有 20% 以上的偏差。

（2）人的下肢肌力

自行车骑行的原动力主要是骑车人的下肢肌力。人骑车时，骨骼肌肉内部的化学能转换为肌肉收缩的机械能。自行车脚蹬的转动就是通过腿肌收缩出力而完成的，一般来说，腿肌长的人比腿肌短的人有利。肌肉收缩时产生的力一般与肌肉的截面积成比例，为 $40 \sim 50 \text{N/cm}^2$，通过一定训练的人可提高到 65N/cm^2。

（3）人的输出功率

人输出的功率随骑车人的体格、体力、骑车姿势、持续时间和速比等的变化而变化。一般成年男人的最大输出功率约为 0.7 马力（0.51kW），能持续 10s 左右，如果持续时间长，则其值要小得多，如持续 1h 时，只有 0.1~0.2 马力（0.07~0.15kW）。

（4）人的脚踏速度

自行车运动是很有节奏的，其节奏常常与人的心脏节律保持一定的关系。健康人的心脏跳动为 70 次/min，一般脚踏以 60r/min 的节奏转动较为合适。设计时可以这一常用速度来确定相关设计参数。

（5）人的平衡机能

骑车人本身的平衡机能是影响自行车性能的重要因素。如果骑车人缺少平衡机能，哪怕是运动性能很好的自行车也不能平稳行驶；若骑车人有很好的平衡机能，则可弥补自行车设计上的某些缺陷。

（6）人的手和握力

影响刹车性能的人的因素主要是人的手和握力。男性和女性、成年人和儿童相比，手的大小和握力都不相同。据试验，为了长时间捏闸而不致使手有疼痛的感觉，只用最大握力的 10% 左右便能得到必要的减速作用较为适宜。

（7）人的疲劳

人体疲劳和疼痛是对骑车出力性能的不利因素，其产生原因有人体因素，也有自行车结构因素。疲劳和疼痛一般是由于部分肌肉负担过大、骑车姿势不合适以及体重对鞍座的体压分布不合适等引起的。此外，影响出力的因素还有人的最大摄氧量。

2.3 自行车设计结构要素分析

影响自行车性能的因素除了上述人的因素外，还有许多机械因素，如图 42.4-4 所示。

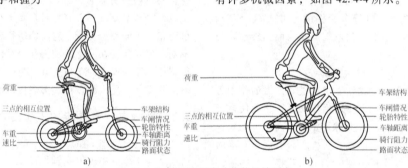

图 42.4-4 影响自行车性能的机械因素
a）折叠车 b）山地车

为了获得较佳的性能，必须把人的因素与机械因素有机地结合起来，以使人-车协调。为此，着重分析与人体有关的结构要素。

（1）速比

大小链轮的齿数比与链轮直径比相一致，一般控制在 2.3~4.0 的范围内。利用速比关系可取得骑行时所必要的功率和必要的速度。

速比要选择合适，如果太小，则无论人的肌力有多大，由于不能充分提高转速，故而得不到大的输出功率；如果速比太小，则在限定的曲柄转速下得不到必要的骑行速度（后轮转速）。速比过大时，要求的踏力也大，容易使人疲劳。为了保持不疲倦持续骑行，希望肌肉的负担约为最大肌力的 10%，按此选择速比和曲柄转速时可得到比较好的效果。

（2）曲柄长度

传统的自行车设计对人的研究较少，一般考虑杠杆原理比较多，认为曲柄越长越有力。但曲柄过长后，为了不使脚蹬碰到前泥板，不得不加大中轴至前轴的距离（前心距），这样势必加长车架，影响正确的骑车姿势，使人感到臀部疼痛。若能按人的身高或下肢长度来考虑曲柄长度，则可使人省力和舒适。通常曲柄长度的基准，取人体身高的 1/10，相当于大腿骨长的 1/2。

（3）三接点位置

正确的骑车姿势是由骑车人和自行车三个接点位置（如图 42.4-5a 中所示的鞍座位置 A、车把位置 B、脚蹬位置 C）决定的。按三点调整法，AB 和 AC 约等，一般 AB=AC-3cm，A 点略低于 B 点，约为 5cm。

（4）鞍座位置

鞍座装得过低，骑行时双脚始终呈变曲状态，腿部肌肉得不到放松，时间长了就会感到疲软无力；鞍座装得过高，骑行时腿部的肌肉拉得过紧，脚趾部分用力过多，双脚也容易疲劳。骑车时，适当的用力部位是脚掌。设计或校正鞍座位置高低最常用的方法是，使手臂的腋窝部位中心紧靠鞍座中部，使手的中指能触到装配链轮的中轴心为宜。人体各部尺寸都有一定的联系，只要腋窝中心至中指的长度确定下来，鞍座高度便可大致确定。

行驶较快的车，鞍座位置要向前移动，行驶较慢的车，鞍座位置要向后移动，否则都不利于骑行，如

图 42.4-5b、c 所示。

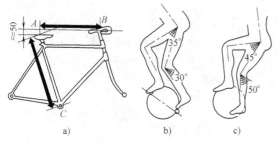

图 42.4-5　自行车设计结构要素

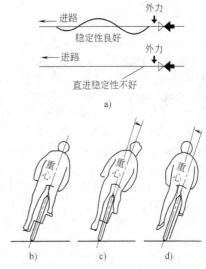

图 42.4-6　人-车系统动态特性

（5）车闸

设计时，闸把开挡、力矩和闸把力要与人手的大小和握力相适应。灵敏度高的车闸，随着闸把上力的增大，制动力也按比例增加。如果闸把力到达某一程度不发生制动作用，继而又骤然生效，说明这种车闸设计不良。在紧急情况下操纵时，理想的施闸力和减速度见表 42.4-2。

表 42.4-2　理想的施闸力和减速度

闸把施闸力/N	相对握力（%）	减速度	说明
60	10	$0.1g$	控制下坡速度
350	70	$0.6g$	全制动
500	100	$0.8g$	紧急全制动

注：$1g = 9.8 \mathrm{m/s^2}$。

2.4　人-车动态特性分析

（1）动态稳定性

自行车的稳定是行驶过程中的稳定，是一种动态平衡的稳定性。动态稳定性影响到自行车骑行中的动作，包括直进稳定性和前后左右方向的稳定性，如图 42.4-6a 所示。显然，稳定性对安全行驶是必不可少的特性。

（2）力学特性

自行车行驶在平地上转弯的条件是侧向力（与离心力平衡）与自行车总重量（人和车的重量）的合力作用线要通过轮胎与地面的接触点。这当然与骑车人有关，但更重要的是自行车的造型要有适合这种力学特征的结构型式。

（3）转向特性

自行车转弯时可能有三种情况：人体和车身向内倾的角度相等，即骑车人身体的中心线和车子的中心线一致时，自行车的转弯即所谓中倾旋转，见图 42.4-6b；骑车人的倾斜角比车子的倾斜角大时，此时的转弯即所谓内倾旋转，见图 42.4-6c；骑车人的倾斜角比车子的倾斜角小时，此时的转弯即所谓外倾旋转，见图 42.4-6d。

参 考 文 献

[1] 闻邦椿. 机械设计手册: 第 6 卷 [M]. 5 版. 北京: 机械工业出版社, 2010.

[2] 闻邦椿. 现代机械设计师手册: 下册 [M]. 北京: 机械工业出版社, 2012.

[3] 丁玉兰. 人机工程学 [M]. 3 版. 北京: 北京理工大学出版社, 2005.

[4] 赵江洪. 人机工程学 [M]. 北京: 高等教育出版社, 2006.

[5] 李世国. 体验与挑战 [M]. 南京: 江苏美术出版社, 2008.

[6] 刘洋, 朱钟炎. 通用设计应用 [M]. 北京: 机械工业出版社, 2010.

[7] 中川聪. 通用设计的法则 [M]. 台北: 博硕文化股份有限公司, 2008.

[8] 王国胜. 服务设计与创新 [M]. 北京: 中国建筑工业出版社, 2015.

[9] 林采霖. 品牌形象与 CIS 设计 [M]. 上海: 上海交通大学出版社, 2012.

[10] 杨伟群. 3D 设计与 3D 打印 [M]. 北京: 清华大学出版社, 2015.

[11] 王受之. 世界现代设计史 [M]. 北京: 中国青年出版社, 2002.

[12] 何人可. 工业设计史 [M]. 4 版. 北京: 高等教育出版社, 2010.

[13] 秦大同, 谢里阳. 现代机械设计手册 [M]. 北京: 化学工业出版社, 2011.

[14] 高志, 黄纯颖. 机械创新设计 [M]. 2 版. 北京: 高等教育出版社, 2010.

[15] 鲁晓波, 赵超. 工业设计程序与方法 [M]. 北京: 清华大学出版社, 2005.